Ehrenstein · Faserverbund-Kunststoffe

Studientexte Kunststofftechnik

Menges · Werkstoffkunde Kunststoffe

Rao · Formeln der Kunststofftechnik

Michaeli/Wegener · Einführung in die Technologie der Faserverbundwerkstoffe

Retting/Laun · Kunststoff-Physik

Gnauck/Fründt · Einstieg in die Kunststoffchemie

Retting · Mechanik der Kunststoffe

Knappe/Lampl/Heuel · Kunststoff-Verarbeitung und Werkzeugbau

Michaeli · Einführung in die Kunststoffverarbeitung

Ehrenstein · Faserverbund-Kunststoffe

Carl Hanser Verlag München Wien

Faserverbund-Kunststoffe

Werkstoffe – Verarbeitung – Eigenschaften

von Gottfried W. Ehrenstein

Mit 149 Bildern und 22 Tabellen

Carl Hanser Verlag München Wien

Der Autor:
Prof. Dr.-Ing. Gottfried W. Ehrenstein, Friedrich-Alexander-Universität Nürnberg-Erlangen, Lehrstuhl für Kunststofftechnik, Erlangen-Tennenlohe

Die Deutsche Bibliothek – CIP-Einheitsaufnahme

Ehrenstein, Gottfried W.:
Faserverbund-Kunststoffe : Werkstoffe, Verarbeitung, Eigenschaften / Gottfried W. Ehrenstein. – München ; Wien : Hanser, 1992
  ISBN 3-446-17328-5

Dieses Werk ist urheberrechtlich geschützt.
Alle Rechte, auch die der Übersetzung, des Nachdruckes und der Vervielfältigung des Buches, oder Teilen daraus, vorbehalten. Kein Teil des Werkes darf ohne schriftliche Genehmigung des Verlages in irgendeiner Form (Fotokopie, Mikrofilm oder ein anderes Verfahren), auch nicht für Zwecke der Unterrichtsgestaltung, reproduziert oder unter Verwendung elektronischer Systeme verarbeitet, vervielfältigt oder verbreitet werden.

© 1992 Carl Hanser Verlag München Wien
Druck und Bindung: Grafische Kunstanstalt Josef C. Huber KG
Umschlaggestaltung: Kaselow Design
Printed in Germany

Vorwort

Das vorliegende Buch ist aus dem Umdruck einer einführenden Vorlesung "Technologie der Faserverbund-Kunststoffe" für Ingenieurstudenten der Universität Erlangen-Nürnberg entstanden. Es soll interessierten Studenten auch anderer Fachrichtungen einen Einblick in diese hochinteressante Werkstoffgruppe geben und zur weiteren Vertiefung anregen.

Vom Ansatz her ist der Text und der Inhalt so gestaltet, daß er interdisziplinären Gesichtspunkten besonders Rechnung trägt, und nicht die Sichtweise einer Fachrichtung - für andere nur schwer verständlich - überwiegt. Wie bei allen vernünftigen technischen Entwicklungen müssen die Hintergründe für Ingenieure, Chemiker und Physiker ausreichend anschaulich und verständlich sein.

Aufbauend auf den Eigenschaften der Verbundkomponenten, deren Zusammenwirken, der Verarbeitungstechnik, Prüftechnik, Recycliermöglichkeiten und dem Arbeitsschutz wird versucht, die Hintergründe für eine Anwendung dieser besonderen Kunststoffgruppe darzulegen, die überwiegend bei anspruchsvollen Bauteilen eingesetzt wird. Die Faserverbund-Kunststoffe werden selbst als eine Konstruktion aus Fasern und Matrix angesehen. Als solche sind sie in der Luft- und Raumfahrt dominierend. Der Einsatz im gehobenen allgemeinen technischen Bereich setzt jedoch allgemeine werkstofftechnische Kenntnisse voraus, die dem anwendungs- und entwicklungsorientierten Techniker die Grundlagen für seine Arbeit liefern. Dieses ist ein Ziel des Buches.

Wie bei Vorlesungsskripten üblich, entstehen diese über einen längeren Zeitraum. Ich habe dabei besonders gerne auf qualifizierte Ausarbeitungen anderer Kollegen zurückgegriffen. Hier sind besonders die Herren Prof. Dr. A. Puck, Prof. Dr. W. Michaeli, Prof. Dr. J. Kabelka, Prof. Dipl.-Ing. U. Fuhrmann und Frau Dr. J. Möckel zu nennen; ebenso aber auch auf Dissertationen wissenschaftlicher Mitarbeiter der Institute in Kassel und Erlangen, wie Dr. V. Altstädt, Dr. R. Spaude, Dr. Graf B. von Bernstorff, Dr. A. Schmiemann, Dr. W. Janzen, Dr. Orth und Ausarbeitungen der wissenschaftlichen Mitarbeiter Dipl.-Ing. J. Schiebisch, Dipl.-Ing. L. Hoffmann, Dipl.-Ing. M. Schemme und Dipl.-Ing. V. Pavšek. Herrn Dipl.-Ing. H. Zilch-Bremer und Frau R. Zeides danke ich für die Mithilfe bei der Gestaltung. Die wichtigste Literatur wurde daher z.T. nur pauschal zitiert. Einige Schrifttumsstellen sind im Laufe der vielen Umarbeitungen möglicherweise untergangen. Hierfür bitte ich um Entschuldigung.

Erlangen, Mai 1992

Prof. Dr.-Ing. G. W. Ehrenstein

Inhaltsverzeichnis

0. Vorbemerkungen — 9

1. Allgemeine Begriffe und Definitionen in der Faserverbundtechnik — 19

2. Verstärkungsmaterial/-arten — 21
   - 2.1 Allgemeines zur Verstärkung mit Fasern — 21
   - 2.2 Glasfasern — 21
   - 2.3 Aramidfasern — 28
   - 2.4 Kohlenstoff-Fasern — 32
   - 2.5 Fasern im Vergleich — 36

3. Matrix — 43
   - 3.1 Ungesättigte Polyesterharze — 44
   - 3.2 Epoxidharze — 48
   - 3.3 Vinylesterharze — 56
   - 3.4 Imidharze — 56
   - 3.5 Thermoplaste — 57
     - 3.5.1 Kurzfaserverstärkte Thermoplaste — 57
     - 3.5.2 Langfaserverstärkte Thermoplaste — 59

4. Verbund — 73
   - 4.1 Grenzfläche/Grenzschicht — 73
   - 4.2 Faserverbundwerkstoffe im Vergleich — 76
   - 4.3 Mikromechanik - Fasern im Verbund — 78
     - 4.3.1 Die UD-Schicht — 78
     - 4.3.2 Die einzelne Faser in der Matrix — 93

5.	Verarbeitung		101
	5.1 Verarbeitungskomponenten		101
		5.1.1 Halbzeuge mit duroplastischer Matrix	101
		5.1.2 Halbzeuge mit thermoplastischer Matrix	105
	5.2 Verarbeitung von glasfaserverstärkten Reaktions-(Gieß-)harzen		109
		5.2.1 Manuelle Verfahren	109
		5.2.2 Teilautomatisierte/ -mechanisierte Verfahren	110
		5.2.3 Vollautomatisierte Verfahren	114
		5.2.4 Kontinuierliche Verfahren	127
		5.2.5 Sonderverfahren	129
	5.3 Verarbeiten von Verbunden mit thermoplastischer Matrix		131
	5.4 Nachbearbeiten		131
		5.4.1 Bearbeitung nicht ausgehärteter Halbzeuge	131
		5.4.2 Bearbeitung ausgehärteter Werkstoffe	132
	5.5 Einsatzbereiche von Epoxidharzen		134
		5.5.1 Epoxidharze in der Elektrotechnik	134
		5.5.2 Epoxidharze in der Elektronik	137
		5.5.3 Epoxidharze im Fertigungsmittelbau	141
	5.6 Recycling		144
	5.7 Arbeits- und Gesundheitsschutz		151
	5.8 Vergleich der Verarbeitungsverfahren		154
6.	Mechanische Prüfung		157
	6.1 Besonderheiten des Verformungsverhaltens		157
	6.2 Statische Belastung		160
	6.3 Statische Langzeitbelastung		167
	6.4 Dynamische Belastung		169
		6.4.1 Wöhlerkurven	170
		6.4.2 Hysteresis-Meßverfahren	174
	6.5 Prüfung		183
		6.5.1 Herstellung und Vorbehandlung der Probekörper	183
		6.5.2 Anzahl der Probekörper	184
		6.5.3 Statistik	187
		6.5.4 Bestimmung des Fasergehalts	189
7.	Literatur		191
8.	Register		193

0. Vorbemerkungen

Das Ziel, verschiedenartige Materialien zu einem Werkstoffverbund zu kombinieren, um verbesserte Eigenschaften und Synergieeffekte zu erzielen, ist in der Natur Gang und Gebe. Der Schnitt durch eine Paracortex-Zelle von Merinowolle und der Querschliff eines unidirektional kohlenstoffaserverstärkten Epoxidharzes zeigen ähnliche Strukturen wie der Querschnitt eines kohlenstoffaserverstärkten Epoxidharzes und der Längsschnitt eines Bambusstabes. Nicht nur bei der Mikrostruktur kann die Natur als Vorläufer für Faserverbund-Kunststoffe angesehen werden, sondern auch bei der Anwendung von Prinzipien des Leichtbaus.

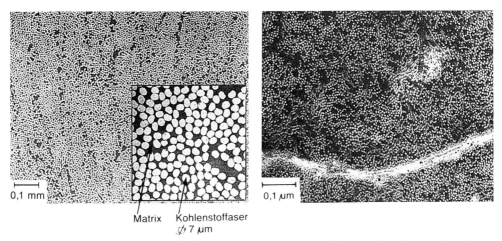

Querschnitt durch unidirektional kohlenstoffaserverstärktes EP-Harz (links) und einer Paracortex-Zelle von Merinowolle (rechts)

Werkstofftechnische Gründe für die Verwendung von Fasern als Werkstoffelemente ergeben sich aus den vier Paradoxen der Werkstoffe.

1. Paradoxon des festen Werkstoffs

Die wirkliche Festigkeit eines festen Stoffes ist sehr viel niedriger als die theoretisch berechnete.
(F. Zwicky)

2. Paradoxon der Faserform

Ein Werkstoff in Faserform hat eine vielfach größere Festigkeit als das gleiche Material in anderer Form und je dünner die Faser, um so größer ist die Festigkeit.
(A.A. Griffith)

3. Paradoxon der Einspannlänge

Je kleiner die Einspannlänge, um so größer ist die gemessene Festigkeit einer Probe/Faser.

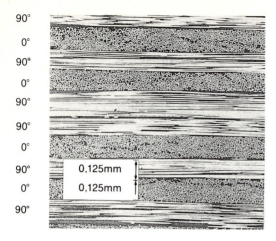 

Schnitt durch kohlenstofffaserverstärktes EP-Harz-Laminat (links) und einen Bambusstab (rechts)

4. Paradoxon der Verbundwerkstoffe

Ein Verbundwerkstoff kann als Ganzes Spannungen aufnehmen, die die schwächere Komponente zerbrechen würden, während von der stärkeren Komponente im Verbund ein höherer Anteil seiner theoretischen Festigkeit übernommen werden kann, als wenn sie alleine belastet würde.
(G. Slayter)

Zu 1.

Ein Vergleich der theoretisch möglichen Festigkeiten mit dem experimentell bisher Erreichten unterscheidet sinnvollerweise zwischen der Faserform und dem kompakten Werkstoff.

Deutlich erkennbar ist, daß die Festigkeiten der realisierten Werkstoffe in kompakter Form weit niedriger sind als die theoretisch möglichen Festigkeiten. Hierbei liegen die klassischen Konstruktionswerkstoffe, Stahl und Aluminium, noch eine Zehnerpotenz günstiger als die Kunststoffe.

Bei den klassischen Werkstoffen bestehen zwischen den theoretischen und den realen Elastizitätsmoduln keine Unterschiede. Bei den Polymerwerkstoffen sind sie deutlich erkennbar, vor allem bei Polymerwerkstoff in kompakter Form. Die Unterschiede in den Elastizitätsmoduln sind nicht so ausgeprägt wie die Unterschiede in den Festigkeiten.

Vorbemerkungen

Werkstoff	E-Modul in N/mm²			Zugfestigkeit in N/mm²		
	theoretisch	experimentell		theoretisch	experimentell	
		Faser	Kompakt		Faser	Kompakt
Polyethylen	300 000	100 000 (33%)	1 000 (0,33%)	27 000	1 500 (5,5%)	30 (0,1%)
Polypropylen	50 000	20 000 (40%)	1 600 (3,2%)	16 000	1 300 (8,1%)	38 (0,24%)
Polyamid	160 000	5 000 (3%)	2 000 (1,3%)	27 000	1 700 (6,3%)	50 (0,18%)
Glas	80 000	80 000 (100%)	70 000 (87,5%)	11 000	4 000 (36%)	55 (0,5%)
Stahl	210 000	210 000 (100%)	210 000 (100%)	21 000	4 000 (19%)	1 400 (6,67%)
Aluminium	76 000	76 000 (100%)	76 000 (100%)	7 600	800 (10,5%)	600 (7,89%)

Vergleich der theoretischen und experimentell ermittelten Werte für Elastizitätsmodul und Zugfestigkeit einiger Werkstoffe

Zu 2.

Die Festigkeit der Polymerwerkstoffe in Faserform liegt gut eine Zehnerpotenz über der in kompakter Form. Die Abhängigkeit der Festigkeit einer Glasfaser von dem Faserdurchmesser ist deutlich erkennbar. Eine weitere Verringerung des Durchmessers zur Erzielung höherer Festigkeiten ist wegen der Lungengängigkeit (cancerogen) dünner Fasern nicht sinnvoll, dickere Fasern werden zu sperrig, so daß die überwiegende Zahl von Fasern einen Durchmesser von ca. 10 µm aufweist.

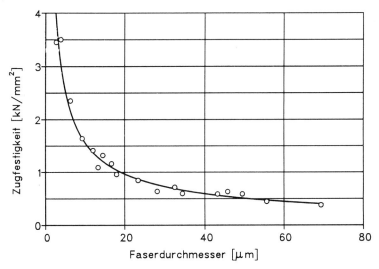

Einfluß des Faserdurchmessers auf die Festigkeit von Glasfasern

Zu 3.

Mit zunehmender Einspannlänge nimmt die Festigkeit von Glasfasern deutlich ab. Sowohl die Zunahme der Festigkeit mit abnehmendem Faserdurchmesser als auch mit geringerer Einspannlänge wird damit erklärt, daß die Fehlerwahrscheinlichkeit und ihre Auswirkung umso geringer ist, je dünner die Fasern sind und je kürzer sie eingespannt werden. Ein Vorteil der Verbundwerkstoffe liegt darin, daß durch die gleichmäßige Einbettung in einen Kunststoff die Einspannlänge gegen 0 geht und so die Faserfestigkeit besser ausgenutzt wird.

Zu 4.

Das Paradoxon der Verbundwerkstoffe gilt im Rahmen einer Zugbelastung der Einzelkomponenten bzw. des Verbundes. Tritt jedoch eine Druck-, Biege - oder Schubbelastung auf, vermögen die Einzelkomponenten für sich alleine häufig nicht einmal Bruchteile der im Verbund möglichen Kräfte aufzunehmen, da ihre geometrische Anordnung nicht aufrecht erhalten werden kann.

Wirtschaftliche Entwicklung

Das Bruttosozialprodukt ist 1988 in Westeuropa im Mittel um 3,5 % gestiegen. Besondere Zunahmen ergaben sich in der Automobilindustrie (4 %), Bauindustrie (5,5 %), Elektroindustrie (6 %) und in der Kunststoffindustrie (7 %). Der Umsatz der verstärkten Kunststoffe hat dagegen in den letzten Jahren eine deutlich höhere Steigerung erfahren. Sie liegt im Mittel um 11 %. Auffallend ist, daß sowohl die Steigerung als auch der anteilige Umsatz in Deutschland höchstens auf dem mittleren Niveau der europäischen Industriestaaten liegt.

	Deutschland (West)				Europa	
Jahr	Thermoplaste [to]	Duroplaste [to]	Gesamt [to]	Steigerung [%]	Gesamt [to]	Steigerung [%]
1987	101 400	161 600	263 000	-	962 000	-
1988	115 000	178 000	293 000	11,4	1 195 000	13,8
1989	129 000	203 000	332 000	13,3	1 196 000	9,2
1990	133 600	209 400	343 000	3,2	1 152 000	3,7
1991	138 000	215 000	353 000	2,9	1 127 000	2,2

Umsatz verstärkter Kunststoffe (Quelle: Vetrotex, Deutschland GmbH)

Die Zunahme im Bereich der Thermoplaste ist deutlich höher als bei den Duroplasten. Dieses ist wahrscheinlich auf die günstigere Verarbeitbarkeit und Befürchtungen vor Recyclingproblemen zurückzuführen. Einige Vorteile der Duroplaste gegenüber Thermoplasten wie die geringere Kriechneigung, bessere Oberflächenhärte, Lackierbarkeit und Reparaturfähigkeit sprechen auch für eine zukünftige Weiterentwicklung der Duroplaste.

Der hohe Kenntnisstand des Werkstoffverhaltens, der Technologie und der Konstruktion von Bauteilen aus Faserverbund-Kunststoffen in der Luft- und Raumfahrt hat sich bisher nicht im erwarteten Maß in der Anwendung dieser Werkstoffgruppe in der normalen Technik durchsetzen können. Aus diesem Grund hat das Bundesforschungsministerium an verschiedenen Universitätsstandorten sog. Demonstrationszentren für Faserverbund-Kunststoffe eingerichtet. Diese Zentren sollen einen aktiven Technologietransfer durch Vorführen der Verarbeitungstechnologie, Beratung bei der Entwicklung von Bauteilen und Hilfe bei deren Erprobung leisten. Die wichtigsten Zentren sind in Aachen, Stuttgart, Darmstadt, Braunschweig, Berlin und Erlangen/Würzburg.

Der branchenspezifische Einsatz von Faserverbund-Kunststoffen verteilt sich relativ gleichmäßig auf die Gebiete Fahrzeugbau, Elektrotechnik, landwirtschaftliche Industrie und Bauwesen, mit Abstrichen auf den Freizeitbereich und die Konsumgüter.

Branche	Einsatz in %
Fahrzeugbau	33
Elektrotechnik	25
Landwirtschaft und Industrie	20
Bauwesen	14
Freizeitbereich	3
Konsumgüter	4
Verschiedenes	2

Branchenspezifischer Einsatz von Faserverbund-Kunststoffen 1991 (Quelle AVK)

Der Einsatz von Hochleistungsverbundwerkstoffen im Bereich der Raumfahrt ist vor allem wirtschaftlich begründet. Wegen der hohen Energiekosten ist man bereit, in diesem Bereich bis zu 50 000 DM/kg Gewichtsersparnis aufzuwenden. Bei der Luftfahrtindustrie sind dieses 500 - 1 500 DM/kg, in der Fahrzeugindustrie 0 - 5 DM/kg. Da Verbundwerkstoffe im allgemeinen teurer sind als Kompaktwerkstoffe und höhere Anforderungen an die Auslegung von Bauteilen und die Verarbeitungstechnologie gestellt werden, ist dieser Anreiz für den normalen Fahrzeugbau relativ gering, während er in der Luft- und Raumfahrt deutlich zum Tragen kommt.

Die Verwendung von Verbundwerkstoffen im Bereich Maschinenbau wurde von mittelständischen Unternehmen wie folgt beurteilt:

- zunächst:
  - Verwendung traditioneller Metalle
  - Leistungssteigerung des Bauteils / ökonomischer Nutzen für das System
- Probleme bei der Umstellung auf FVK
  - geringe Absatzmenge behindert Unterstützung
  - enormer Entwicklungsaufwand
  - teure Umweltschutzanlage
  - Recyclingprobleme
  - Umrüsten von Werkstätten
- Förderung der FVK durch:
  - ausgebildetes Personal
  - Personalschulung

Unternehmerauskunft im Bereich Maschinenbau zu Faserverbund-Kunststoffen

Wichtige Kriterien scheinen die relativ geringe Bekanntheit dieser Werkstoffgruppe und der vergleichsweise niedrige Ausbildungsgrad der Nutzer zu sein. Normale Fertigungen und Entwicklungsabteilungen sind auf klassische Werkstoffe ausgerichtet. Da Faserverbund-Kunststoffe (FVK), optimal genutzt, andere Konstruktionsprinzipien erfordern, sind sie bei reiner Substitution von klassisch gefertigten Bauteilen häufig nicht ausreichend wirtschaftlich herzustellen. Bauteile aus FVK erfordern hohe Entwicklungskosten, spezifische Umweltschutzprobleme und Umrüstungen, besonders von Reparaturwerkstätten.

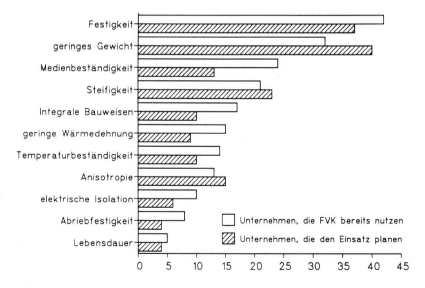

Wichtige Eigenschaften von FVK aus Sicht der Unternehmen

Unternehmen, die FVK bereits nutzen, und Unternehmen, die den Einsatz von FVK planen, beurteilen die Vorteile dieser Werkstoffgruppe im Großen und Ganzen ähnlich. Unterschiede ergeben sich aufgrund der bisherigen Erfahrung zugunsten der FVK, besonders bei im Hinblick auf deren Medienbeständigkeit, der einfachen Herstellung komplizierter Geometrien, der geringen Wärmedehnung, Temperaturbeständigkeit, elektrischen Isolation und Abriebfestigkeit. Offensichtlich sind die Anwender hierdurch positiv überrascht. Überschätzt wird der Gewichtsvorteil.

- Gemeinschaftsprojekt von Anwendern, Herstellern, Forschungsinstituten, Prüfanstalten
- Abstufung der Technik aus dem Flugzeugbau
- Beispiel: Schlaghebel einer Textilmaschine aus PEEK-CF-UD-Prepreg
- Entwicklungsstufen der Bauteilentwicklung:
  1. Kurzzeitkennwerte
  2. Krafteinleitung
     - Betrachtung als anisotrope Scheibe
     - Finite-Elemente-Analyse
     - Versuch
  3. Werkzeugbau
     Bauteilherstellung (400°C, 20 bar, t<30 min.)
  4. Dynamische Bauteilprüfung (8 Hz, $2.4*10^7$ Lastspiele)
  5. zerstörungsfreie Prüfung
     - Schallemission
     - Röntgendurchstrahlung

Schweizer Technologieprojekt. Exemplarische Entwicklung eines Hochleistungsbauteils aus FVK für eine Textilmaschine

Ein wesentliches Problem bei der Entwicklung von Bauteilen von FVK im Maschinenbau liegt wohl auch darin, daß das klassische Vorgehen bei der Entwicklung von Bauteilen dem Werkstoff wenig gerecht wird. Am Beispiel eines Schlaghebels an einer Textilmaschine, der aus einem kohlenstoffaserverstärkten Hochleistungsthermoplast entwickelt werden sollte, wird aufgezeigt, wie die einzelnen Entwicklungsstufen der Bauteilentwicklung durchgeführt wurden. Eine moderne und werkstoffgerechte Bauteilentwicklung muß dagegen zwei Entwicklungsstufen vorab berücksichtigen. Man muß sich darüber im klaren sein, daß die Entwicklung und Anwendung dieser Werkstoffgruppe einen langwierigen Lern- und Erfahrungsprozeß bedeutet. Die notwendigen Vorbildungen dazu sind häufig nicht gegeben.

Als zweites und möglicherweise wichtigstes Kriterium muß eine klare Vorstellung über das Schädigungs- und Versagensverhalten dieses Werkstoffs bzw. daraus gefertigter Bauteile vorhanden sein. Schädigungsvorgänge können die Voraussetzungen von Krafteinleitungs- und Übertragungsvorgängen entscheidend ändern und, ohne daß es zum sofortigen, katastrophalen Versagen kommt, Annahmen der Rechnung und Auslegung vollständig in Frage stellen.

- zeitraubender Lernprozeß
- Kriterium: Schädigungs- und Versagensmechanismus
- Betriebsbelastungen
- statische und dynamische Zeitfestigkeit
- Kostenabschätzung
- Konstruktion und Auslegung
  - theoretisches Rüstzeug
  - Rechnerkapazität
  - Herstellung der Bauteile
  - Erprobung
  - Qualitätssicherung

Werkstoffgerechtes Vorgehen bei der Entwicklung von Bauteilen aus FVK

Typisches Problem bei FVK

Unidirektional UD-verstärkte Verbundwerkstoffe können unterschiedlich belastet werden. Je nachdem, ob die Belastung in Faserrichtung, senkrecht dazu oder unter einem anderen beliebigen Winkel erfolgt, ergibt sich eine unterschiedliche Verstärkungswirkung.

Nur in 50 % der möglichen Belastungsrichtungen wird eine Matrix (Kunststoff) durch die Zugabe hochfester Fasern überhaupt verstärkt. In 50 % der Fälle tritt dagegen eine Schwächung ein. Würde man die gleiche Fasermenge in der Ebene so anordnen, daß die Eigenschaften dieses Laminats in allen Richtungen gleich sind, so ergibt sich nur in etwa 1/4 der möglichen Belastungsrichtungen ein Vorteil durch eine eindimensionale Faseranordnung.

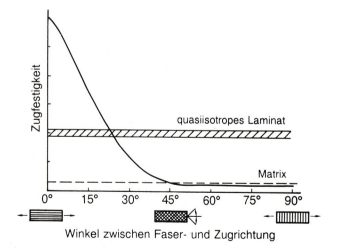

Abhängigkeit der Zugfestigkeit von Winkelverbunden von der Faserorientierung

Vorbemerkungen

Die Vorteile der Hochleistungsfaserverbundwerkstoffe im Vergleich zu metallischen Werkstoffen ergeben sich durch:

- hohe Festigkeit und Steifigkeit bei gleichzeitig niedriger Dichte
- sehr gute Korrosionsbeständigkeit
- gutes Dämpfungsverhalten
- hohe Formstabilität
- die Möglichkeit komplexe Teile in einem Stück, zumindest aus wenigen Einzelteilen zu fertigen (Integralbauweise)

Die Entwicklung dieser Werkstoffgruppe ist wegen der Forderung, das Strukturgewicht von Flugkörpern zu verringern, daher stark an die Luft- und Raumfahrtindustrie gebunden.

Die Idee der luftfahrttechnischen Nutzung solcher Hochleistungsverbunde wurde schon 1916 geboren, als R. Kemp ein Patent über den Bau eines nahezu vollständig aus faserverstärkten Kunststoffen bestehenden Flugzeuges einreichte. Sein Patent war jedoch nahezu abgelaufen, bevor ernsthafte Anstrengungen in dieser Richtung zu erkennen waren. Wichtige Stationen der Entwicklung von polymeren Hochleistungsverbundwerkstoffen sind:

1907   Patent zu Herstellung von Phenolharzen (L.H. Baekeland)
Erster säurefester Chemietank aus asbestfaserverstärktem Phenolharz (H. Lebach)

1916   Patent über die Herstellung eines gänzlich aus faserverstärkten Kunststoffen bestehenden Flugzeugs (R. Kemp)

1935   Beginn der großtechnischen Herstellung von Glasfasern (Owens-Corning Fiberglas Corporation)
Patent zur Herstellung von Melamin-Formaldehydharzen (Ciba)

1938   Patent zur Herstellung von Epoxidharzen (P. Castan)

1942   Erste glasfaserverstärkte Ungesättigte-Polyester-Laminate für Flugzeug-, Boots- und Automobilbau

1943   Erste Sandwichbauteile für Flugzeuge aus Glasfaser/Ungesättigte-Polyester-Laminaten als Deckschicht und Balsaholz als Kernmaterial

1944   Entwicklung und Einsatz des Strukturklebers "Metlbond" (D. Haven)
Entwicklung und erfolgreiche Flugerprobung eines Rumpfes, der als Glasfaser/Kunststoff-Sandwichstruktur ausgebildet war (Wright-Patterson)

1945   Erste Produktion von Honeycombs (L.S. Meyer)
Entwicklung des Faserwickelverfahrens (G. Lubin und W. Greenberg)

1951   Erstes Pultrusionspatent (L. Meyer und A. Howell)
Patentierung von Allylsilan-Glasschlichten, den Vorläufern der Silanhaftvermittler (R. Steinmann)

1953   Produktionsbeginn von Glasfaser/Ungesättigte-Polyester-Außenteilen im Automobilbau (Corvette)

1954   Entwicklung erster GFK-Segelflugzeuge in der BRD

1959 Produktionsbeginn von Kohlenstoffasern (Union Carbide)

1962 Die Bedeutung des "Knies" im Spannungs-Dehnungs-Diagramm wird erkannt und befriedigend erklärt (Puck)

1967 Flugerprobung des ersten nahezu vollständig aus Glasfaser/Kunststoff aufgebauten Flugzeugs (Windecker Research Incorporated)

1971 Produktionsbeginn von Aramidfasern (DuPont)

Die eigentliche Entwicklung moderner Hochleistungs-Faserverbund-Kunststoffe begann vor etwa 40 Jahren, als glasfaserverstärkte Kunststoffe erstmals für Strukturbauteile in Militärflugzeugen eingesetzt und erprobt wurden.

1. Allgemeine Begriffe und Definitionen in der Faserverbundtechnik

Faserverbundwerkstoff (FVW)	ist eigentlich kein Werkstoff im strengen Wortsinn, sondern bereits "Bauteil", bestehend aus einem bestimmten Anteil an Verstärkungsfasern (vorzugsweise in bestimmten Richtungen orientiert) und dem Matrix-Material
Faser-Kunststoff-Verbund (FKV)	Eine richtigere Bezeichnung zur Kennzeichnung des Verbundwerkstoffs
Faserverbund-Kunststoffe (FVK)	In Anlehnung an den obigen Begriff, daher als Kompromiß, auch um den Unterschied zu anderen Werkstoffgruppen auszudrücken
GFK	Glasfaserverstärkter Kunststoff
CFK	Kohlenstoffaserverstärkter (Carbon fiber) Kunststoff
AFK	Aramidfaserverstärkter Kunststoff
Matrix (Matrixharz)	"Einbettungsmaterial" für die Verstärkungsfasern, meist Kunststoff (Duroplaste, Thermoplaste), aber auch Metalle (borfaserverstärktes Aluminium), Aufgaben der Matrix: - Gewährleistung der geometrischen Form - Krafteinleitung und -überleitung - Schutz der Fasern
Laminat (lat.: lamina = die Schicht)	bezeichnet das flächige Produkt, das durch den Verbund von Fasern und Harz entsteht; und zwar unabhängig von der Form eines Bauteils oder vom Fertigungszustand (feuchtes Laminat, ausgehärtetes Laminat).
unidirektional (UD)	"nur eine Richtung"; ein unidirektionales "Laminat" enthält Verstärkungsfasern in nur einer Richtung
$\parallel$, $\perp$, $\parallel\perp$	Indizes für Werkstoffeigenschaften bzw. Spannungen oder Kräfte einer UD-Schicht in Bezug auf die Faserrichtung - $\parallel$ = parallel zur Faser - $\perp$ = senkrecht zur Faser - $\parallel\perp$ = gleichzeitig parallel und senkrecht zur Faser (z.B. Schub)
anisotrop	unterschiedliche Werkstoffeigenschaften in verschiedenen Richtungen (isotrop: gleiche Eigenschaften in allen Richtungen).

2. Verstärkungsmaterial/ -arten

2.1 Allgemeines zur Verstärkung mit Fasern

Werkstoffe in Faserform sind nur bei wenigen Bauteilen zielgerichtet verwendbar. Erst in kompakter Form bilden sie eine hochinteressante Werkstoffgruppe. Faserverbund-Kunststoffe bestehen daher zum einen aus Fasern mit hoher gewichtsbezogener Festigkeit und/oder Steifigkeit, zum anderen aus einer formbaren Bettungsmasse (Matrix).

Als Fasern kommen Einzelfäden (Filamente) oder Fadenbündel mit endlicher Länge (Kurzfasern) bis praktisch unbegrenzter Länge (Endlosfasern) in Betracht, wobei der Faserdurchmesser etwa 5 - 50 µm beträgt. Durch Bettungsmassen werden die Fasern derart gebunden und verbunden, daß die Möglichkeit besteht, die an den Verbundkörper angelegte Last auf die Fasern in geeigneter Weise zu übertragen.

Nach der Fehlstellenhypothese wird mit abnehmendem Volumen, d.h. abnehmender Faserdicke, die Wahrscheinlichkeit von derartigen, zu Kontinuitätsstörungen führenden Fehlstellen pro Längeneinheit geringer. Mann kann daher einen weitgehend kompakten Werkstoff von hoher reproduzierbarer Festigkeit herstellen, indem man Lagen von Fasern z.B. in der Form von parallelen Bündeln unter Verwendung einer Matrix zu einem Faserverbund-Kunststoff zusammenfügt. Dabei wird die freie Kraftübertragungslänge der Fasern minimiert (gegen null) und die Fehlstellenwirkung praktisch aufgehoben.

Fasern sind stabförmige Körper, meist mit Kreisquerschnitt und mit einem sehr großen Verhältnis von Länge / Dicke. Eine 'normale' Glasfaser mit einem Durchmesser d = 10 µm wird für verschiedene Anwendungsbereiche in unterschiedlichen Längen verarbeitet:

- als Kurzglasfaser für die Verstärkung von Thermoplasten
  Faserlänge l = 0,1 - 0,5 mm $\rightarrow$ $\frac{l}{d} > 10$

- als Langglasfaser in der Duroplast-Verstärkung
  Faserlänge l > 10 mm (50 mm) $\rightarrow$ $\frac{l}{d} > 1000$

2.2 Glasfasern

Textilfaser ist der Sammelbegriff für aus geschmolzenem Glas gesponnene feine Fasern für textile Zwecke mit gleichmäßigem, annähernd rundem Querschnitt. Hergestellt wird Textilglas vor allem aus hochwertigem, alkalifreiem E-Glas und für spezielle Anwendungen auch aus R- und C-Glas.

Bestandteile	E-Glas	R-Glas	C-Glas
SiO	51 - 55	60	65
Al_2O_3	13 - 15	25	4
CaO	20 - 24	14	9
MgO		3	6
B_2O_3	6 - 9	-	5
K_2O	<1	-	8
Na_2O			

Richtwerte der Glaszusammensetzung in %

Die relativ hohen Festigkeiten und E-Modulwerte sind eine Folge der starken kovalenten Bindungen zwischen Silizium und Sauerstoff im dreidimensionalen Netzwerk des Glases. Netzwerkstruktur und Stärke der einzelnen Bindungen hängen aber auch von der Art der eingesetzten Metalloxide ab. Aufgrund ihrer amorphen Struktur sind Glasfasern im Gegensatz zu Kohlenstoff- und Aramidfasern isotrop.

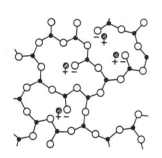

- Silizium
○ Sauerstoff
⊘ Natrium

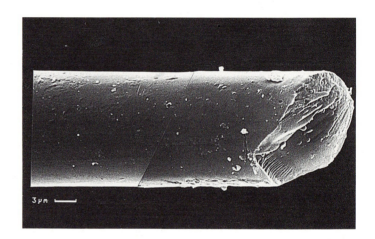

Glasfaser: Struktur, REM-Aufnahme

Die Durchmesser der Glasfasern- oder Filamente für die Verstärkung von Kunststoffen betragen bei Garnen für Gewebe meist 9, 11 bzw. 13 µm, bei Textilglasrovings und den daraus hergestellten Fertigprodukten 11, 14, 17 bzw. 24 µm.

In einem mit hochfeuerfesten Steinen ausgemauerten Ofen wird aus Quarzsand (SiO_2), Kalkstein ($CaCO_3$), Kaolin ($Al_4[OH_8Si_4O_{10}]$), Dolomit ($CaMg(CO_3)_2$), Borsäure (B_3O_6) und Flußspat (CaF_2) bei etwa 1400°C E-Glas erschmolzen, mehrere Tage geläutert und dann flüssig durch Kanäle, den sog. Vorherden, zu den Spinndüsen (Bushings) geleitet.

Verstärkungsmaterial/ -arten

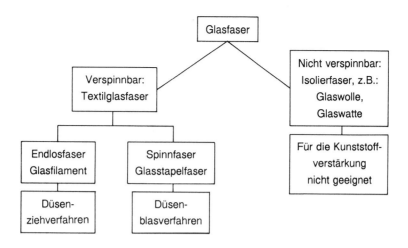

Glasfasern und Herstellverfahren

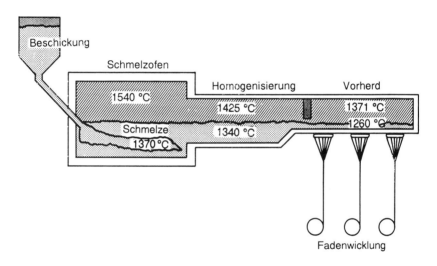

Textilglasherstellung nach dem Düsenzieh-Verfahren

Diese aus einer Platinlegierung bestehenden Bushings werden gerade so hoch erhitzt, daß aus ihren an der Unterseite befindlichen, meistens ca. 200 oder noch mehr düsenartigen Öffnungen das Glas langsam herausfließt und schon bald fadenförmig erstarrt. Diese Fäden sind jedoch noch etwa 2 mm dick. Erst durch das Verstrecken der zähflüssigen Fäden mit einer sehr schnell rotierenden Aufwickelvorrichtung (Spinnstand) werden die Fäden auf den gewünschten Durchmesser von z.B. 10 oder 14 µm gebracht und gleichzeitig bis auf die 40 000-fache Länge gestreckt. Die lineare Abzugsgeschwindigkeit beträgt dabei bis zu 40 m/s (≈ 150 km/h). Durch weitgehend paralleles Bündeln der kaum sichtbaren Einzelfäden (Monofilamente) erhält man ein Filamentbündel. Dieser sogenannte Spinnfaden ist so geschmeidig, daß man ihn um den Finger wickeln kann.

Bei der Herstellung des Textilglases wird auf die frisch geformte Faser beim Ziehprozeß eine Schlichte als wässrige Emulsion aufgetragen. Die Schlichte hat folgende Aufgaben:

- Verkleben der Filamente zu einem handhabbaren Spinnfaden,
- Schutz der empfindlichen Oberfläche der spröden Glasfilamente,
- Anpassung des jeweiligen Textilglaserzeugnisses an den Verarbeitungsprozeß,
- Haftungsverbesserung zwischen organischem Harz und anorganischen Fasern

Kunststoffschlichten enthalten u.a. die drei folgenden wichtigen Bestandteile:

- Filmbildner, Vinylacetate eines bestimmten Polymerisationsgrades, Polyesterharze und andere Harze. Sie schützen die Filamente und verkleben sie zu Spinnfäden.
- Gleitmittel verleihen dem Spinnfaden bzw. dem Textilglasprodukt die erforderlichen Gleiteigenschaften
- Haftvermittler, insbesondere auf Silan- und Chrombasis. Der Haftvermittler muß aber dem jeweiligen Harz angepaßt werden.

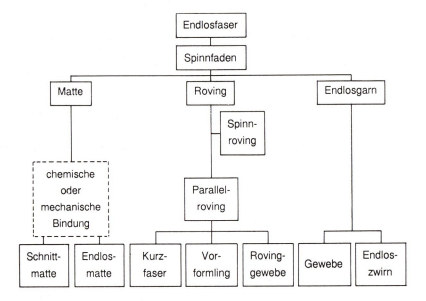

Verschiedene Textilglaserzeugnisse

Die Lieferformen von Textilglas sind Garn, Zwirn, Roving, Matte, geschnittenes Textilglas und Kurzfaser.

Textilglas wird für die textile Verarbeitung, für die Verstärkung von Duroplasten, Thermoplasten und Schaumkunststoffen, für die Herstellung von Vlies und Papier sowie für andere Anwendungen eingesetzt.

Garne	werden aus Textilglas-Spinnfäden durch Drehungen hergestellt und zu Geweben, Bändern und Flechtartikeln weiterverarbeitet. Anwendung: Verstärkung von Kunststoffen, Filtertechnik, Korrosionsschutz, Anstrich- und Putzarmierung, Klebebänder, Folien (Tragetaschen) u. a.
Zwirne	ein- oder mehrstufig hergestellt, bestehen aus ein oder mehreren Textilglasgarnen, die miteinander verdreht sind. Sie werden ebenfalls zu Geweben, Bändern und Flechtartikeln weiterverarbeitet. Anwendung: Verstärkung von Kunststoffen, Filtertechnik, Korrosionsschutz, Anstrich- und Putzarmierung, Klebebänder, Folien (Tragetaschen) u. a.
Rovings	werden aus 30 oder 60 annähernd parallel zusammengefaßten und nicht miteinander verdrehten Textilglas-Spinnfäden hergestellt oder direkt aus der Schmelze gezogen. Sie werden bei der Verarbeitung geschnitten oder endlos gewebt, gewickelt oder gezogen. Anwendung: Flache und gewellte Platten, Tanks, Behälter und Rohre, Boots- und Schiffbau, Fahrzeugbau und technische Formteile, glasfaserverstärkte Thermoplaste.
Spinnrovings	werden aus Textilglas-Spinnfäden, die in zahlreichen Schlingen um die Längsachse angeordnet sind, hergestellt. Sie haben in der Ebene in allen Richtungen gleiche Eigenschaften. Anwendung: Profile.
Schnittmatten	werden als nicht gewebte Flächengebilde aus geschnittenen, regellos liegenden Textilglas-Spinnfäden hergestellt. Anwendung: Flache und gewellte Platten, Tanks, Behälter und Rohre, Boots- und Schiffbau, Fahrzeugbau und technische Formteile.
Endlosmatten	bestehen aus nichtgeschnittenen, endlosen Textilglas-Spinnfäden, die regellos und ohne eine Vorzugsrichtung in mehreren Lagen verlegt und durch einen Binder miteinander verklebt sind. Anwendung: Tanks, Behälter, Fahrzeugbau und technische Formteile.
Kurzfasern	sind gemahlene und in Einzelfasern aufgespaltene Textilglas-Spinnfäden unterschiedlicher Länge. (0,1 - 0,5 mm) Anwendung: Verstärkung von Thermoplasten und Polyurethanen, Anstrichmittel, Gießharzen, Spachtelmassen.
Glasfasergewebe	werden aus rechtwinklig sich kreuzenden Fadensystemen (Kette und Schuß) mit bidirektionaler Verstärkungswirkung hergestellt. Durch unterschiedliches Anheben der Kettfäden beim Schußeintrag ergeben sich verschiedene Bindungsarten. Anwendung: Formteile im Handlaminier-, Injektions- und Wickelverfahren. Elektrotechnische Schichtstoffe.

Leinwandbindung

Einfache Grundbindung. Einfache Handhabung des Gewebes durch gute Dimensionsstabilität und geringes Ausfransen beim Zuschneiden.

Köperbindung

Höhere Festigkeit und Steifigkeit des Laminats durch geringere Fadenablenkung (Einarbeitung). Die Gewebe sind schmiegsamer und daher besser für Formteile geeignet als Leinwandgewebe.

Atlasbindung (Satinbindung)

Noch geringere Fadenablenkung als in Köpergeweben. Sehr gute Drapierbarkeit, daher geeignet für stark sphärische Formteile. Atlasgewebe ergeben eine besonders glatte Oberfläche.

Unidirektionale Gewebe

Die dünnen Schußfäden dienen zur Fixierung der Kettfäden. Es können bei gleichem Harzanteil mehr Kettfäden im Laminat untergebracht werden. Für Anwendungen mit hoher Festigkeit und Steifigkeit bei einachsigen Belastungen wie z.B. in Skilaminaten.

Mischgewebe

In Kett- und Schußrichtung werden hier unterschiedliche Fasertypen eingesetzt. So kann z. B. in einem unidirektionalen Kohlenstoffasergewebe im Schuß ein preisgünstigeres Glasgarn verwendet werden, wenn dort die hohe Steifigkeit der Kohlenstoffasern nicht gefordert wird.

Hybridgewebe

In Hybridgeweben werden besonders positive Eigenschaften verschiedener Fasern entsprechend der Anwendung durch Kombination im Gewebe genutzt, so z.B. die Schlagzähigkeit von Aramidfasern mit der Steifigkeit von Kohlenstoffasern oder der Druckfestigkeit der Glasfaser.

	Dichte	Zugfestigkeit	E-Modul	Bruch-dehnung	Querkontrak-tionszahl	Thermische Ausdehnung
	[g/cm³]	[N/mm²]	[N/mm²]	[%]	[-]	[K⁻¹]
E-Glas	2,52	3 400	75 000 - 80 000	4,5	0,24	$4,6 \cdot 10^{-6}$
C-Glas	2,4	4 600	85 000 - 89 000	5,0	-	-

Eigenschaften der Glasfasern

Besondere Eigenschaften von Glasfasern

- Die Glasfaser ist isotrop, d.h. ihre Werkstoffkennwerte in Faserrichtung sind gleich denen quer zur Faserrichtung:

  Festigkeit $\quad\sigma_{\parallel F} = \sigma_{\perp F} \quad$ frisch gezogen 3 500 N/mm²
  $\qquad\qquad\qquad\qquad\qquad\qquad$ praktisch 1 500 N/mm²

  Steifigkeit $\quad E_{\parallel F} = E_{\perp F} \quad\quad\approx$ 75 000 N/mm²

  Wärmeaus- $\quad\alpha_{\parallel F} = \alpha_{\perp F} \quad\quad\approx 5 \cdot 10^{-6}$ K⁻¹
  dehnungskoeffizient
  $\qquad\qquad\qquad\qquad$ zum Vergleich:
  $\qquad\qquad\qquad\qquad$ Stahl $\qquad\approx 12 \cdot 10^{-6}$ K⁻¹
  $\qquad\qquad\qquad\qquad$ Cu $\qquad\approx 17 \cdot 10^{-6}$ K⁻¹
  $\qquad\qquad\qquad\qquad$ Al $\qquad\approx 21 \cdot 10^{-6}$ K⁻¹
  $\qquad\qquad\qquad\qquad$ Kunststoffe $\quad 80 - 200 \cdot 10^{-6}$ K⁻¹

- Der Elastizitätsmodul von Glasfasern ist ungefähr so groß wie der von Aluminium und ein Drittel von Stahl; die Zugfestigkeit übertrifft die der meisten organischen und anorganischen Faserstoffe und liegt teilweise bedeutend höher als die von Stahl. Durch die vergleichsweise geringe Dichte $\varrho \approx 2,5$ g/cm³ ergeben sich besonders hohe gewichtsbezogene Festigkeitswerte.

- Textilglas läßt sich bis zum Bruch um ca. 3 % dehnen. Die Dehnung ist dabei elastisch, d. h. Textilglas hat nicht wie andere synthetische Faserstoffe ein viskoelastisches Verhalten.

- Die thermischen Eigenschaften übertreffen die der anderen Textilfasern. Selbst Dauerbeanspruchungen bis 250 °C mindern die mechanischen Eigenschaften nicht. Demgegenüber ist die Wärmeleitfähigkeit größer als bei anderen Faserstoffen, jedoch wesentlich geringer als bei Metallen.

- Textilglas ist unbrennbar und deshalb feuersicher. Es eignet sich für unbrennbare Verbundstoffe und Vorhänge. Der Erweichungspunkt von E-Glas liegt oberhalb von 625 °C.

Bei den vielen möglichen Verstärkungsarten hängen die Endeigenschaften in hohem Maße von der Art, dem Anteil und der Orientierung der Glasfasern bzw. den Glasfaserprodukten ab.

2.3 Aramidfasern

Aramidfasern sind lineare, organische Polymere mit hoher Festigkeit und Steifigkeit, bei denen kovalente Bindungen entlang der Faserachse bei möglichst enger Packungsdichte orientiert sind. Die Moleküle untereinander sind durch Wasserstoffbrückenbindungen verbunden. Ringe in den Ketten verleihen ihnen hohe Steifigkeit. Die geschätzte theoretische Festigkeit liegt bei ca. 200 000 N/mm^2. Die bisher einzigen kommerziell verfügbaren Fasern, die sich in ihren Eigenschaften diesen Werten annähern, sind aromatische Polyamidfasern mit z.B. 3 600 N/mm^2 Zugfestigkeit, 125 000 N/mm^2 E-Modul bei einem Durchmesser von 12 μm.

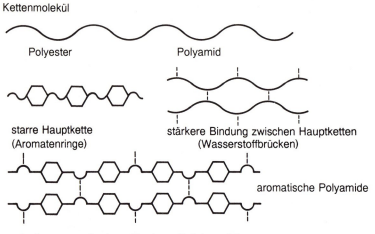

*Aufbau von **Ar**-(omatischen Poly)-**amiden***

Die regelmäßige Anordnung der Phenylen-Ringe und der Amidgruppen mit den Wasserstoffbrückenbindungen verleiht den Ketten hohe Steifigkeit und bewirkt gleichzeitig eine hohe Packungsdichte. Die Orientierung der kristallinen Überstrukturen und der Fibrillen, die sich aus diesen aufbauen, schwankt nach neueren Modellvorstellungen mehr oder weniger um die Faserachse. Dies ist sicherlich ein Grund für die Abweichung des realen vom theoretischen Elastizitätsmodul.

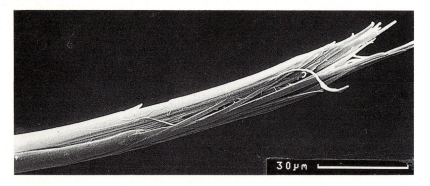

Gebrochene Aramidfaser mit starkem Spleißen an der Bruchstelle

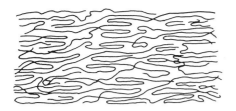 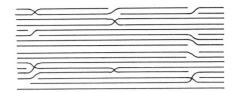

Kettenorientierungen:

normale organische Fasern mit Kettenfaltung, Orientierungsabweichung, kristallinen und amorphen Bereichen

Aramidfaser mit langen, geraden Kettenabschnitten ohne Faltung, parallel zur Faserachse, hochkristallin

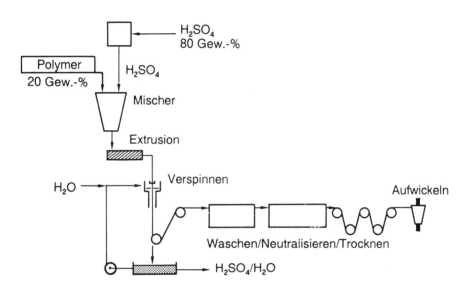

Produktion von Aramidfasern

Ähnlich wie Kohlenstoffasern weisen auch Aramidfasern aufgrund der hohen molekularen Orientierung einen negativen thermischen Ausdehnungskoeffizienten in Faserrichtung auf. Unter Wärmeeinfluß schwingen die Makromoleküle. Da die kovalenten Bindungen in Molekülrichtung sehr viel fester sind als die Nebenvalenzen zwischen den Makromolekülen (Wasserstoffbrückenbindungen), sind die Querschwingungen sehr viel stärker und üben - wie ein schwingendes Seil - Zugkräfte auf die Verankerungspunkte aus und ziehen damit die Fasern in Längsrichtung zusammen. Je höher die Temperatur ist, umso stärker ist die Querschwingung und die Kontraktion der Faser (Entropieeffekt).

Zur Steigerung des axialen Orientierungsgrades der Molekülketten und damit zur Verbesserung der mechanischen Eigenschaftskennwerte wird die Faser noch einem Reckvorgang bei höherer Temperatur unterworfen.

Die Aramidfaser wird in unterschiedlichen Typen hergestellt, die sich durch den Zug-Elastizitätsmodul und die Bruchdehnung unterscheiden. Die Typen mit niedrigerem E-Modul und höherer Bruchdehnung weisen im allgemeinen eine wesentlich höhere Arbeitsaufnahme auf als die Fasern mit höherem E-Modul und geringerer Bruchdehnung.

Aramid	Dichte [g/cm³]	Durchmesser [µm]	Zug-E-Modul [N/mm²]	Zugfestigkeit [N/mm²]	Bruchdehnung [%]
hochzäh	1,45	12	80 300	3 600	4,0
hochsteif	"	"	131 000	3 800	2,8
extremsteif	"	"	186 000	3 400	2,0

Mechanische Eigenschaften von Aramidfasern

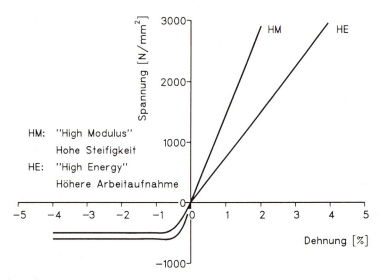

Spannungs-Dehnungskurven verschiedener Aramidfasern

Das Aramidfilament hat einen kreisrunden Querschnitt und ist an der Oberfläche leicht strukturiert; der Durchmesser liegt bei etwa 12 µm. Die Dichte ist mit 1,44 g/cm³ im Vergleich zu den übrigen Verstärkungsfasern niedrig und stellt neben der hohen Zugfestigkeit eine hervorragende Eigenschaft dar.

Als Textilprodukte aus Aramidfasern werden Rovings, Garne, Gewebe und Vliese angeboten.

Besondere Eigenschaften der Aramidfaser
- leichteste Verstärkungsfaser, $\varrho = 1,45$ g/cm³, hohe gewichtsbezogene Zugfestigkeit
- Die Aramidfaser ist stark anisotrop, d. h. die Werkstoffeigenschaften in Faserrichtung unterscheiden sich von denen quer zur Faser. So ist z. B. der Elastizitätsmodul senkrecht zur Faser ($E_{\perp F}$) viel kleiner als in Faserrichtung ($E_{\parallel F}$); ähnlich verhält es sich mit den Festigkeiten.

Verstärkungsmaterial/ -arten

- Die Druckfestigkeit in Faserrichtung ($\sigma_{\parallel dB}$) ist deutlich niedriger als die Zugfestigkeit ($\sigma_{\parallel zB}$) (vergleichbar mit Seilen). Bei der Konstruktion von Bauteilen aus aramidfaserverstärktem Kunststoff ist auf diese Druckempfindlichkeit in Faserrichtung besonders zu achten. Aramidfaser-Kunststoff-Verbunde eignen sich sehr gut für zugbeanspruchte Leichtbauteile, aber nicht für Leichtbauteile, die vorwiegend Biege- oder Druckbeanspruchung erfahren.

in Faserrichtung, $\parallel$	Zug	Druck
E-Modul [N/mm²]	80 000	80 000
Festigkeit [N/mm²]	1 800	230
Bruchdehnung [%]	2,2	0,5
Querkontraktionszahl	0,3	0,3
Wärmeausdehnungskoeffizient $\alpha_{\parallel}$ [K⁻¹]	$\approx -2\cdot 10^{-6}$	

Senkrecht zur Faser, $\perp$	Zug	Druck
E-Modul [N/mm²]	6 500	5 100
Festigkeit [N/mm²]	8	53
Bruchdehnung [%]	0,16	1,4
Querkontraktionszahl	0,025	0,02
Wärmeausdehnungskoeffizient $\alpha_{\perp}$ [K⁻¹]	$= 70\cdot 10^{-6}$	

Einige mechanische Kennwerte eines unidirektionalen Aramid-Epoxidlaminats mit einem Faservolumenanteil von 65 - 70 Vol.%

- Aramidfasern neigen zur Feuchtigkeitsaufnahme. Die Feuchtigkeit beeinträchtigt die Haftung zwischen Faser und Matrix.

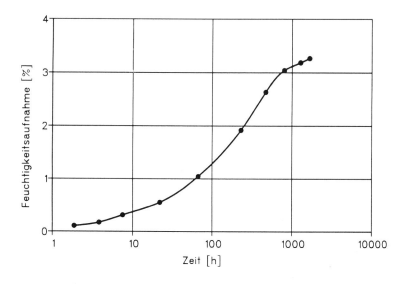

Feuchtigkeitsaufnahmen einer 4,5-kg-Aramidfaserspule

- Aramidfasern reagieren auf energiereiche Strahlung (z.B. UV), mit deutlichem Festigkeitsabfall zu verzeichnen.
- Aramidfasern sind als organische Fasern nicht besonders temperaturfest.
- Die Haftung von Aramidfaser ist oft weniger gut als die anderer Fasern.
- Die Schlichte hat auf verschiedene Matrixsysteme weichmachende Wirkung. Im Zweifelsfall müssen die Fasern mit organischen Lösungsmitteln gereinigt werden.
- Ausgehärtete Bauteile aus aramidfaserverstärktem Kunststoff lassen sich schlecht spanend bearbeiten.

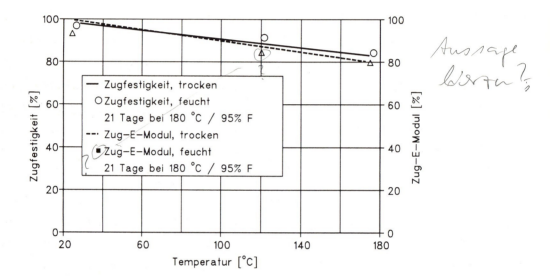

Einfluß der Temperatur auf die Zugfestigkeit und den E-Modul von trockenen und feuchten Aramid-Fasern

2.4 Kohlenstoff-Fasern

Voraussetzungen für hochfeste und hochsteife Fasern sind ein möglichst eng gepacktes, kontinuierliches Netzwerk starker Bindungen. Wegen der erwünschten geringen Dichte eignen sich hierfür Elemente der ersten beiden Reihen des Periodensystems, z.B. B, C, N, O und Si. Die hochfesten kovalenten Bindungen müssen dabei nicht dreidimensional angeordnet sein. Bei Fasern mit überwiegend eindimensionaler Kraftübertragung genügen ein- oder zweidimensionale Molekülstrukturen in Faserachse.

Eine größen- und zahlenmäßige Minimierung der im Werkstoff vorhandenen oder nachträglich eingebrachten Fehlstellen ist weniger aufgrund der Verminderung des tragenden Querschnitts, als durch die spannungserhöhende Wirkung der Fehlstellen von Relevanz. Ein ideal scharfer Riß von 1 µm Länge reduziert die Festigkeit auf ein Hunderstel des theoretischen Wertes.

Kohlenstofffasern bestehen zu über 90 % aus Kohlenstoff und haben Durchmesser zwischen 5 und 10 µm. Elastizitätsmodul und Festigkeit können in weiten Bereichen variieren. Sie hängen vom Orientierungsgrad der am Aufbau beteiligten Kohlenstoffschichten und der sich in der Faser während der Herstellung ausbildenden Fehlstellen ab. Die theoretisch möglichen mechanischen Kennwerte ergeben sich aus den kovalenten Bindungsenergien des Graphiteinkristalls in Schichtrichtung zu ca. 1 000 000 N/mm^2 für den Elastizitätsmodul und zu 100 000 N/mm^2 für die Festigkeit. Quer zur Schichtrichtung beträgt der Elastizitätsmodul aufgrund fehlender kovalenter Bindungen allerdings nur etwa 4 000 N/mm^2. Diese starke Anisotropie macht sich auch in der thermischen Ausdehnung bemerkbar, die parallel zu den Kohlenstoffschichten, d.h. bei Fasern in Richtung der Faserachse, sogar leicht negativ ist.

Für die Herstellung von Kohlenstofffasern haben vor allem zwei Verfahren großtechnische Bedeutung erlangt. In dem technisch wichtigen Verfahren ist das Ausgangsprodukt Polyacrylnitril (PAN) zu einem "precursor" gereckt, um eine hohe Orientierung der Moleküle entlang der Faserachse zu erzielen. Anschließend werden diese Fasern unter mechanischer Spannung bei 240 °C bis 300 °C einer sog. Stabilisierungsbehandlung an Luft unterworfen, wobei das PAN dehydriert (Abspalten von Wasserstoff) und gleichzeitig durch Zyklisierung der Nitrilgruppen in ein Leiterpolymeres umgewandelt wird.

In einer zweiten Stufe wird das Leiterpolymere durch Pyrolyse (Verkokung) bei Temperaturen bis maximal 1 600 °C unter Inertgas zu graphitischen Schichten umgelagert. Als Folge des stark vorgereckten Ausgangspolymeren und der einwirkenden Zugspannung weisen die Kohlenstoffschichten eine gute Ausrichtung parallel zur Faserachse auf. Die sich so ausbildende Mikrostruktur bewirkt die hohen Festigkeiten und Steifigkeiten. Nach diesem Verfahren können Fasern mit Festigkeiten von über 5 000 N/mm^2 (hochfeste Fasern) hergestellt werden. Durch zusätzliche Wärmebehandlung bis 2 500 °C können auch Fasern mit Modulwerten bis über 400 000 N/mm^2 (Hochmodul-Fasern) produziert werden, allerdings bei niedrigeren Festigkeiten. Festigkeit und E-Modul von Standard-Kohlenstofffasertypen liegen bei 3 500 bzw. 230 000 N/mm^2.

Das zweite Verfahren zur Herstellung von Kohlenstofffasern basiert auf technischen Kohlenwasserstoffgemischen wie Steinkohlenteer- oder Erdölpechen als Rohstoff. Diese werden durch Wärmebehandlung bei über 350 °C in Mesophasenpech[1] umgewandelt, das hochanisoptrop ist und einen hohen flüssigkristallinen Anteil aufweist. Während des sich anschließenden Schmelzspinnens entstehen aufgrund hydrodynamischer Effekte Fasern mit einem hohen Orientierungsgrad in axialer Richtung. Bei der nachfolgenden Stabilisierung und Verkokung bis ca. 2 000 °C wird die Umwandlung in Kohlenstoff unter Beibehaltung bzw.

---

[1]Mesophase = Übergangsstufe zwischen dreidimensional geordneter Phase (Kristall) und isotroper Flüssigkeitsphase

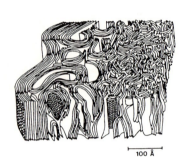
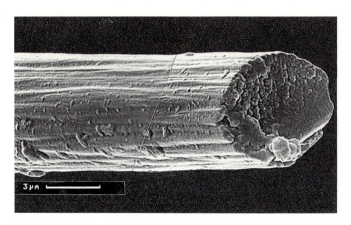

Kohlenstoffaser: Chemismus, Mikrostruktur und REM-Aufnahme

weiterer Verbesserung der Orientierung durchgeführt. Auf diese Weise können Fasern mit extrem hohen E-Modul-Werten bis zu 700 000 N/mm² produziert werden, die allerdings im Vergleich zu den Fasern auf PAN-Basis niedrigere Festigkeiten aufweisen (ca. 2 000 N/mm² gegenüber 3 500 N/mm²).

Strukturmerkmale	Fasertyp
Schichtebenen vorwiegend parallel zur Faserachse geringe Fernordnung	Hochfest (HT)-Kohlenstoffaser
Schichtebenen weitgehend parallel zur Faserachse gute Fernordnung	Hochmodul (HM)-Kohlenstoffaser
keine erkennbare Vorzugsorientierung sehr schwache Fernordnung	Isotrope Kohlenstoffaser geringe Festigkeit

Klassifizierung der Kohlenstoffasern aufgrund ihrer Struktur

In der dritten Stufe erreicht man bei einer Glühbehandlung bei Temperaturen bis zu 3 000 °C rekristallisationsähnliche Umordnungsvorgänge, die durch eine gleichzeitige Faserverstreckung verstärkt werden können. Mittels dieser Graphitierung bzw. Streckgraphitierung werden die HM-Kohlenstoffasern mit ihrer hochorientierten Struktur aus HT-Fasern hergestellt.

Verstärkungsmaterial/ -arten

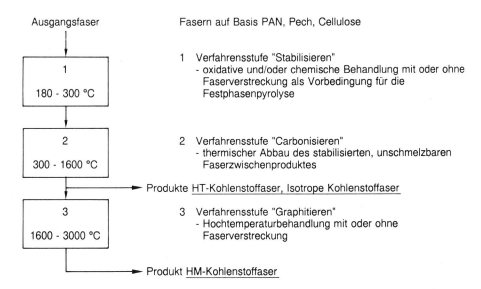

Verfahrensstufen bei der Herstellung von Kohlenstofffasern (Fließschema)

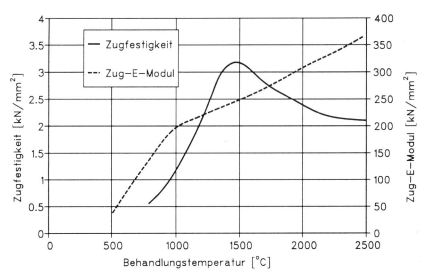

Einfluß der Behandlungstemperatur auf die Zugfestigkeit und den Elastizitätsmodul einer Kohlenstofffaser

Besondere Eigenschaften der Kohlenstofffasern:

- C-Fasern haben im Gegensatz zu den Kunststoffen ein progressives Spannungs-Dehnungs-Verhalten, d.h. mit zunehmender Belastung steigt der E-Modul
- hochfest bei hohem E-Modul bis zu Temperaturen von 2 500 °C; $\sigma_{\parallel F}$ = 1 500 - 3 500 N/mm²; $E_{\parallel F}$ = 180 000 - 500 000 N/mm²
- sehr leicht: ϱ = 1,6 - 2,0 g/cm³
- außerordentlich korrosionsbeständig (unbeständig nur gegen starke Oxidationsmittel)
- gut elektrisch und thermisch leitend

- als Implantate gut körperverträglich (künstl. Hüftgelenke etc.).
- C-Fasern sind im Gegensatz zu Glasfasern stark anisotrop ($E_{\parallel}/E_{\perp} = 28$), ($\sigma_{\parallel} \gg \sigma_{\perp}$)
- die Anisotropie erstreckt sich auch auf die Wärmeausdehnungskoeffitienten, die in Faserrichtung und quer dazu sehr unterschiedlich sind.
  $\alpha_{\parallel F} = -0{,}1$ bis $-1{,}5 \cdot 10^{-6}$ K^{-1}, negativ!
  $\alpha_{\perp F} = 15 \cdot 10^{-6}$ K^{-1}
- das Spannungs-Dehnungs-Verhalten ist deutlich progressiv im Gegensatz zu Kunststoffen
- C-Fasern sind normalerweise äußerst spröde und bei der Verarbeitung knickempfindlich. Deshalb ist für die Verarbeitung ein Oberflächenschutz nötig. Hierfür verwendet man ein "Sizing" - ein Epoxidharzgemisch - als Schutzmittel für die Verarbeitung und Haftmittel für den Verbund mit dem Haftmaterial.
  Nachteil: Bei langer Lagerung härtet diese Oberflächenschicht aus; die Fasern werden unflexibel.
- Bemerkenswert: Die Kohlenstoffaser selbst ist fast dauerschwingfest. Die dynamischen Eigenschaften der Laminate sind besser als die aller anderen Werkstoffe (z.B. Al, St).

Zu erwartende Weiterentwicklungen:

- HT-Fasern mit $\sigma_{\perp F} = 10\,000$ N/mm^2
  bei $E_{\parallel F} = 200\,000 - 250\,000$ N/mm^2
- HM-Fasern mit $E_{\parallel F} > 800\,000$ N/mm^2
- deutliche Preissenkung und damit Marktausweitung

2.5 Fasern im Vergleich

Das Spannungs-Dehnungs-Verhalten in Faserrichtung ist kennzeichnend für die Fasern:

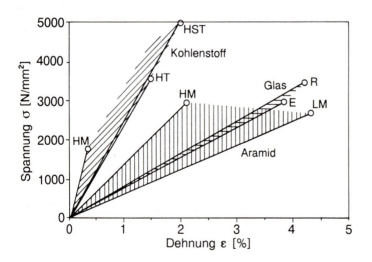

Eigenschaftsspektrum der verschiedenen Faserarten. Die Kohlenstoffasern erreichen die höchsten Festigkeiten und Steifigkeiten. HM = high modulus, HST = high strain, HT = high tenacity, LM = low modulus, E = E-Glas, R = R-Glas

Zusammenfassend ergibt sich für E-Glas, Aramid- und Kohlenstoff- Fasern folgender Vergleich:

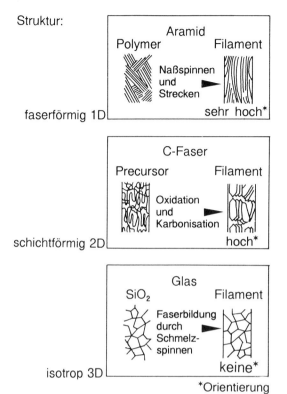

Anisotropie:

Da sich die Festigkeit der Faser in Faserrichtung nur schwer - die Einspannung wirkt als Schwachstelle -und senkrecht zur Faserrichtung praktisch gar nicht messen läßt, wird die Anisotropie am besten durch Elastizitätsgrößen ausgedrückt. Das Verhältnis $E_{\parallel F}/E_{\perp F}$ kennzeichnet unmittelbar die Anisotropie. Je größer der Wert ist, umso anisotroper ist die Faser.

Struktur der Verstärkungsfasern

Dazu werden die verschiedenen E-Moduln festgelegt. Die Angabe des Schubmoduls $G_{\parallel \perp}$ parallel und senkrecht zur Faser kennzeichnet ebenfalls die Anisotropie. Eine hohe Anisotropie ist kennzeichnend für einen niedrigen Schubmodul. Nur Glasfasern sind vollständig isotrop.

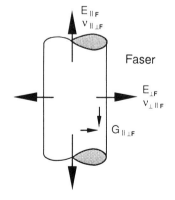

Elastizitätskennwerte einer Faser

G = Schubmodul
E = Elastizitätsmodul
ν = Querkontraktionszahl
1. Index: Richtung der Kontraktion
2. Index: Richtung der Spannung, die diese Kontraktion hervorruft

$$\frac{\nu_{\parallel \perp}}{E_\perp} = \frac{\nu_{\perp \parallel}}{E_\parallel}$$

Faser	$E_{\parallel F}$ [kN/mm²]	$E_{\perp F}$ [kN/mm²]	$G_{\parallel \perp F}$ [kN/mm²]	$\nu_{\perp \parallel F}$ [-]	$E_{\parallel F} / E_{\perp F}$ [-]
E-Glas	73	73	30	0,25	1
Aramid	133	5,4	12	0,38	24,6
C-Faser HT	240	15	10	0,28	16
HM1	500	5,7	8	0,36	88

Elastizitätskennwerte der Fasern

Betrachtet man die Kapazitäten zur Herstellung der Fasern und den Verbrauch für Verbundwerkstoffe, dann ergibt sich eine eindeutige Dominanz der Glasfaser.

	Kapazität in 1000 t		Verbrauch für Composites in 1000 t	
	1984	1987	1984	1987
Textilglas	1250	1450	1100 ≈ 88 %	1280 ≈ 88 %
Aramid	20	27	2 ≈ 10 %	3,6 ≈ 16 %
Kohlenstoff	5	9	2,3 ≈ 46 %	3,3 ≈ 37 %

Weltweite Faser-Kapazität und deren Verbrauch für Verbundwerkstoffe

Die Schwierigkeiten bei der Bestimmung von Faserkennwerten können zum Teil dadurch umgangen werden, daß die Fasern in Harz eingebettet und mit diesem zusammen gemessen werden. Dazu verwendet man eine unidirektionale Schicht, bestehend aus parallelen Fasern und der Matrix.

Aus meßtechnischen Gründen und z.B. wegen der einfacheren Dosierbarkeit wird der Faseranteil häufig in Gewichtsprozent angegeben (ψ = Gew.-%)[2]. Bei der Berechnung, besonders von flächenbezogenen Größen, ist dagegen eine Angabe in Volumenprozent (φ = Vol.-%)[2] sinnvoll. Da die Faserdichte meistens höher ist als die Matrixdichte, ist der Wert für den **Fasergehalt** in Volumenprozent geringer als in Gewichtsprozent. Der Zusammenhang ist:

$$\varphi = \frac{1}{1 + \frac{1-\psi}{\psi} \cdot \frac{\rho_F}{\rho_M}}$$

dabei sind ρ_F je nach verwendeter Faser

ρ_{Glas} = 2,6 g/cm³
ρ_{Aramid} = 1,45 g/cm³
$\rho_{C-Faser}$ = 1,8 g/cm³
und ρ_M = Dichte der Matrix

---

[2] ψ griechisch psi, φ = phi, ρ = rho

Verstärkungsmaterial/ -arten

Man nennt folgende Beziehungen auch die **Grundelastizitätsgrößen**:

$$E_\| = \varphi \cdot E_{\|F} + (1-\varphi) \cdot E_M$$

$$E_\perp = \frac{E_M}{1-\nu_M^2} \cdot \frac{1 + 0{,}85\, \varphi^2}{(1-\varphi)^{1{,}25} + \varphi \dfrac{E_M}{(1-\nu_M^2) \cdot E_{\perp F}}}$$

gilt für GFU

$$\nu_{\perp\|} = \varphi\, \nu_{\perp\|F} + (1-\varphi)\, \nu_M$$

$$\nu_{\|\perp} = \nu_{\perp\|} \frac{E_\perp}{E_\|}$$

$$G_{\|\perp} = G_M \frac{1 + 0{,}6\, \varphi^{0{,}5}}{(1-\varphi)^{1{,}25} + \varphi \dfrac{G_M}{G_{\|\perp F}}}$$

Grundelastizitätsgrößen der UD-Schicht

Zur Bestimmung der **Festigkeit** wird ein mit Harz imprägnierter Strang geprüft. Die erhaltenen Werte stimmen bei Umrechnung auf 100 Vol.-% Fasergehalt hinreichend genau mit den Faserwerten überein, so daß nach der Mischungsregel die Zugfestigkeit $\sigma_{\|B}$ in Faserrichtung abgeschätzt werden kann:

$$\sigma_{\|B} = \varphi \cdot \sigma_{\|F} + (1-\varphi) \cdot \sigma_M$$

da $\sigma_M \ll \sigma_{\|F}$ ist, wird:

$$\sigma_{\|B} = \varphi \cdot \sigma_{\|F}$$

bzw. ergibt sich die Faserfestigkeit zu:

$$\sigma_{\|F} = \frac{\sigma_{\|B}}{\varphi}$$

Ein verallgemeinerter Vergleich ergibt, daß das mechanische Dämpfungsvermögen bei dynamischer Belastung von AFK gegenüber GFK 6 mal und gegenüber CFK 9 mal höher ist.

Die dynamische Festigkeit läßt sich durch den Abfall der Festigkeit kennzeichnen, den ein Laminat nach 10^8 Lastspielen im Vergleich zu 10^4 Lastspielen aufweist. Verallgemeinert ergibt sich:

	GFK	AFK	CFK
$\sigma_{10^8} / \sigma_{10^4}$	0,45	0,40	0,83

Festigkeitsverhältnisse verschiedener Faserverbunde

Damit erweist sich CFK als der bei dynamischer Überlastung hochüberlegene Faserverbundkunststoff.

Ein etwas pauschaler, anwendungsbezogener Vergleich für die drei Verbundwerkstoffarten sieht wie folgt aus:

	GFK	AFK	CFK
Dichte	+-	++	+
Zugfestigkeit	+	+	+
Elastizitätsmodul	-	+	++
Druckfestigkeit	+	-	+
Schlagzähigkeit	+	+	-
Dämpfung	-	+	-
dynamisches und statisches Verhalten	+	+	++
dielektrische Eigenschaften	++	++	-
Haftung	++	-	+
Feuchtigkeitsaufnahme	+	-	+
Preis	++	+-	-

Einige Eigenschaften von Verbundwerkstoffen im Vergleich

Die Preise für Fasern differieren je nach Werkstoff und Typ zwischen 4 und 700 DM/kg.

Faserwerkstoff	Preis in DM/kg
Glas	4 - 6
Aramid	50 - 60

Kohlenstoff
    Standardtyp
    Spezialtyp
	
	50-100
	200 - 500

Bor	700

Preise für Faserwerkstoffe und -typen

Verstärkungsmaterial/ -arten

Faser	Dichte ϱ [g/cm³]	Zugfestigkeit $\sigma_{\parallel zB}$ [N/mm²]	Elastizitätsmodul $E_{\parallel}$ [kN/mm²]	Elastizitätsmodul $E_{\perp}$ [kN/mm²]	Bruchdehnung ε_B [%]	Wärmeausdehnungskoeffizient $\alpha_{\parallel}$ [10^{-6} K^{-1}]	Wärmeausdehnungskoeffizient $\alpha_{\perp}$ [10^{-6} K^{-1}]	Wärmeleitzahl λ [W/mK]	Dielektrizitätszahl ε_r [-]	Elektrischer spezifischer Widerstand ϱ [Ω cm]	Feuchtigkeitsaufnahme 20°C, 65% r.F. [%]
E-Glas	2,6	2400	73	73	3,0	5	5	1	6,1 - 6,7	10^{14} bis 10^{15}	≤ 0,1
R-Glas	2,53	3500	86	86	4,1	4	4		6,0 - 6,1		
C-Faser											
HM1	1,96	1750	500	5,7	0,35	-1,5	15		leitend	10^{-3} bis 10^{-4}	≤ 0,1
HM2	1,8	3000	300		1,0	-1,2	12	115			
HT	1,78	3600	240	15	1,5	-1	10	17			
HST	1,75	5000	240		2,1	-1	10	17			
IM	1,77	4700	295		1,6	-1,2	12				
Aramid											
HM	1,45	3000	130	5,4	2,1	-4	52	0,04 - 0,05	2,5 - 4,1	10^{15}	≈3,5
LM	1,44	2800	65		4,3	-2	40				≈7,0

Eigenschaften der Fasern im Vergleich
HM = hochsteif, HT = hochfest, HST = hochdehnbar, IM = mittelsteif, LM = wenig steif

3. Matrix

Aufgaben der Matrix sind:

- Kräfte in die Fasern einzuleiten
- Kräfte von Faser zu Faser überzuleiten
- die geometrische Lage der Fasern und die äußere Gestalt des Bauteils zu sichern
- die Faser vor Umgebungseinflüssen zu schützen.

Matrixmaterialien sind Duroplaste (Gießharze) und Thermoplaste. Aus der Verbindung von Matrix und Verstärkungsfaser entsteht der Faserverbundkunststoff. Für die Qualität ist die gute Haftung in der Grenzfläche und die vollständige, blasenfreie Benetzung eine Voraussetzung. Die Benetzung wird durch die oberflächenenergetischen Verhältnisse, die Viskosität der Matrix und, im begrenzten Maß, durch die geometrischen Verhältnisse (z.B. Kapillarbildung) bestimmt.

Für Verbundwerkstoffe kommen in der Regel niedermolekulare Reaktionsharze (Duroplaste), z.B. UP-Harze (ungesättigte Polyester-Harze), EP-Harze (Epoxid-Harze), als Matrixsysteme zum Einsatz. Sie sind niederviskos, leicht zu verarbeiten und erhalten ihre Endeigenschaften durch eine thermisch initiierte Härtung (chemische Vernetzung) bei der Herstellung des fertigen Bauteils.

Thermoplaste sind besonders wegen ihrer vergleichsweise höheren Zähigkeit attraktiv. Ein weiterer Vorteil ist, daß während der Verarbeitung kein chemischer Prozeß abläuft. Kurzfaserverstärkte Thermoplaste werden wie unverstärkte Thermoplaste verarbeitet. Eine besondere Gruppe stellen die glasmattenverstärkten Thermoplaste für die Preßverarbeitung dar. Die Anwendbarkeit von verstärkten Thermoplasten als Hochleistungs-Verbundwerkstoffe ist wegen der hohen Anforderungen an die Gebrauchstemperaturen und thermische Stabilität jedoch auf eine relativ kleine Gruppe von aromatischen Hochtemperaturthermoplasten beschränkt, wie z.B. Polysulfon (PSU), Polyethersulfon (PES), Polyphenylenether (PPE), Polyphenylensulfid (PPS), Polyetherketon (PEEK und PEK) oder Polyimide (PI). Die aus den hohen Schmelztemperaturen und Viskositäten resultierenden Verarbeitungsprobleme bei der Herstellung großflächiger verstärkter Bauteile sind bislang noch nicht gelöst.

Zunächst wurden daher überwiegend duroplastische Gießharze verwendet, die im nicht ausgehärteten Zustand in dünnflüssiger Phase verarbeitet werden. Danach müssen sie chemisch ausgehärtet werden.

Thermoplaste können im schmelzeförmigen oder seltener im gelösten Zustand mit Fasern verbunden werden. Bei der Schmelzeverarbeitung sind jedoch i.a. wegen der höheren Viskosität Maschinen notwendig, um das Durchtränken durch die äußeren Kräfte zu fördern.

3.1 Ungesättigte Polyesterharze

UP-Harze sind seit 1936 bekannt und haben wohl die breiteste Anwendung für Verbundwerkstoffe gefunden. Für moderne Hochleistungs-Faserverbund-Kunststoffe werden sie allerdings nur begrenzt eingesetzt.

UP-Harze sind farblose bis schwach gelbliche Lösungen von ungesättigtem Polyester in reaktionsfähigen Lösemitteln (meist Styrol), die sowohl bei Raumtemperatur als auch in der Wärme ohne Abgabe flüchtiger Nebenprodukte gehärtet werden können. Man spricht deshalb auch von Reaktionsharzmassen. Beim Härten wird Reaktionswärme frei, und es tritt eine Volumenschwindung von 5 bis 9 % ein.

UP-Harze weisen, bedingt durch ihren kettenförmigen Aufbau, relativ niedrige Glasübergangstemperaturen auf. Hohe Wärmeformbeständigkeit kann nur über entsprechend hohe Vernetzungsdichten erzielt werden, wodurch allerdings die Sprödigkeit stark zunimmt.

Durch die Auswahl der Ausgangskomponenten und gegebenenfalls durch verschiedene Zusätze lassen sich die Eigenschaften der UP-Harze weitgehend variieren. Dies gilt sowohl für die Verarbeitbarkeit als auch für die Eigenschaften der daraus herzustellenden Formstoffe. Die Zusatzstoffe werden häufig zur Volumenfüllung und Preissenkung eingesetzt. Sie erhöhen i.a. die Viskosität und beeinträchtigen damit die Fließfähigkeit und die Verarbeitbarkeit. Wichtige Füllstoffe sind Kreide, Kaolin und Aluminiumhydroxid. Letzteres reduziert vor allem das Brandverhalten. Es wird im Verhältnis 1:1 zugesetzt. Ein Vorteil der Zuschlagstoffe liegt in der Reduzierung der Schwindung (erhöhte Maßhaltigkeit beim Verarbeiten) und des thermischen Ausdehnungskoeffizienten (erhöhte Maßhaltigkeit im Gebrauch).

Die Viskosität von UP-Harzen kann in weiten Bereichen durch Zugabe von Styrol variieren und dem vorgesehenen Verarbeitungsverfahren angepaßt werden.

Ein UP-Harz ist um so reaktionsfähiger, je größer der Anteil an polymerisierbaren Doppelbindungen in den Ausgangskomponenten ist. Mit steigendem Reaktionsvermögen wird die Vernetzung engmaschiger, die freiwerdende Wärmemenge wird größer und die Schwindung steigt.

Charakteristisch für den Verlauf einer Kalthärtung ist das Temperatur-Zeit-Diagramm. Punkt 1 stellt den Ausgangspunkt der Härtungskurve dar, in dem Peroxid (Härter) und Beschleuniger homogen im Harz verteilt sind und die Polymerisation durch den Peroxidzerfall eingeleitet wird. Zunächst werden jedoch die sich bildenden Radikale zum größten Teil durch die im Polyesterharz vorhandenen Inhibitor-Moleküle abgefangen, die Polymerisation wird unterdrückt, und die Harztemperatur bleibt konstant (1-2). Wenn die Inhibitor-Moleküle alle verbraucht sind,

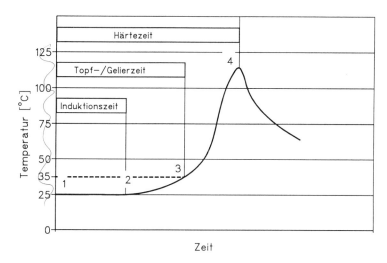

Temperaturverlauf während der Kalthärtung eines UP-Harzes

fängt die eigentliche Polymerisation an, das flüssige Harz geht in den Gelzustand (2-3) über. Die Gelierzeit beginnt, wenn der Ansatz 25 °C warm ist, und endet bei 35 °C.

Die Zeitspanne 1-3 zwischen dem Einrühren von Peroxid und Beschleuniger ins Harz und dem Ende der Gelierzeit wird auch als Topfzeit bezeichnet. Während dieser Zeit ist der Harzansatz verarbeitungsfähig. Bei Punkt 3 hat die Härtungskurve 35 °C erreicht. Die exotherme Reaktionswärme führt zu einem weiteren Ansteigen des Temperaturverlaufs innerhalb kurzer Zeit, die Härtung wird beschleunigt. Der Polymersationsvorgang findet seinen Höhepunkt bei der Spitzentemperatur, Punkt 4. Der Abschnitt 2-4 wird als Härtezeit bezeichnet. Die freiwerdende Wärmemenge und damit die Spitzentemperatur, sind vom Harzaufbau, dem verwendeten Monomeren, der Menge und Art des Peroxids und Beschleunigers sowie von der Polymerisationstemperatur und der möglichen Wärmeableitung abhängig.

Im nächsten Stadium klingt die Härtungsreaktion ab, und die Temperatur des Polymerisats sinkt. Alle Doppelbindungen im Harz sind jedoch noch nicht verbraucht, und die Härtung ist noch nicht völlig abgeschlossen. Im Laufe der Zeit schreitet die Polymerisation in den meisten Fällen langsam weiter, und es tritt auch bei der Lagerung bei Raumtemperatur eine Nachhärtung ein.

Die Härtung der meisten UP-Harze wird bei Raumtemperatur durch den Einfluß von Luftsauerstoff stark verzögert. Nicht durch Werkzeug oder Folie abgedeckte Oberflächen bleiben klebrig. Durch Zusätze (z.B. Paraffin) kann klebfreies Härten ohne Abdecken erreicht werden. Optimale Eigenschaften können nur bei vollständiger Härtung erreicht werden. Bei unter Raumtemperatur gehärteten Systemen geschieht dies durch Nachhärten bei erhöhter Temperatur, (oberhalb der Glasübergangstemperatur).

Harztypen

Standardharze werden am häufigsten verwendet, weil ihre Verarbeitbarkeit und ihre Eigenschaften im gehärteten Zustand den meisten Anforderungen entsprechen. Daneben gibt es Harze mit erhöhter Formbeständigkeit in der Wärme, mit Brandschutzausrüstung, flexible Harze, Harze mit höherer Chemikalienbeständigkeit, lichtstabilisierte und schwundarme Harze.

Härtung

Die Härtung der UP-Harze erfolgt durch eine Mischpolymerisation von UP-Harz-Molekülen und dem Lösemittel Styrol, die durch freie Radikale eingeleitet wird. Als Radikalspender werden organische Peroxide (R—O—O—R) verwendet. Ihr Zerfall in Radikale kann entweder durch Wärme oder bei Raumtemperatur durch chemisch wirkende Beschleuniger oder Strahlung (z.B. UV) bewirkt werden.

Härtung von ungesättigten Polyesterharzen

Für das Härten bei Temperaturen bis 80 °C haben sich in der Praxis zwei Systeme bewährt:

- Ketonperoxide mit Kobalt-Beschleunigern
- Benzoylperoxid mit Amin-Beschleunigern

Rahmenrezepturen:

- 100   Gew. Teile   UP-Harz
  2 bis 4 Gew. Teile   Methylethylketonperoxid (MEKP) oder Cyclohexanonperoxid
  0,1 bis 2 Gew. Teile   Kobalt-Beschleuniger-Lösung (1 % Co)
  Besonders geeignet für verzugsfreie großflächige Formteile.

- 100   Gew. Teile   UP-Harz
  2 bis 4 Gew. Teile   Benzoylperoxid (Paste, Pulver oder Flüssigkeit)
  1 bis 2 Gew. Teile   Amin-Beschleuniger-Lösung 10 %ig.
  Vorteile der Aminhärtung sind kurze Härtungszeiten, Härtung ab 0 °C, nachteilig ist die Vergilbung im UV-Licht.

Verarbeitungs- und Entformungszeit können weitgehend durch Ändern der Beschleunigermenge eingestellt werden.

> Es ist unbedingt darauf zu achten, daß Härter und Beschleuniger nacheinander eingerührt werden. Zuerst Härter und Harz vermischen, danach dem Gemisch Beschleuniger zugeben.
>
> Kommen die Komponenten Härter und Beschleuniger unmittelbar in Berührung, so kann eine explosionsartige Zersetzung eintreten!

Nachhärtung

Bei einem Härtungsablauf bei Raumtemperatur ist Nachhärten besonders wichtig. Um eine möglichst vollständige Härtung zu erreichen, sollte die Nachhärtung bei erhöhten Temperaturen oberhalb der Glasübergangstemperatur (weil das Netzwerk wieder beweglich wird) möglichst unmittelbar im Anschluß an die Härtung über mehrere Stunden durchgeführt werden.

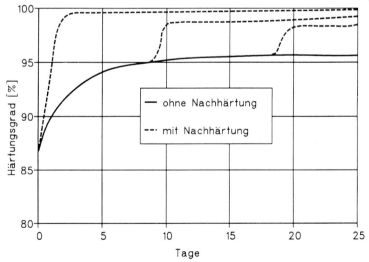

Einfluß der Zeitspanne zwischen Härten und Nachhärten bei erhöhter Temperatur auf den erreichbaren Härtungsgrad

Eine unvollständige Härtung wirkt sich auf nahezu alle Eigenschaftswerte, besonders jedoch auf die Alterungs-, die Witterungs- und die Chemikalienbeständigkeit nachteilig aus. Eine Kontrolle der Härtung kann durch Bestimmen des in Fertigteilen enthaltenen Reststyrols erfolgen. Durch eine abschließende Dampfbehandlung kann eine physiologische Unbedenklichkeit der Formteile erreicht werden (z.B. bei Weinfässern). Der Aushärtegrad bei der Nachhärtung hängt deutlich vom Härtungssystem ab.

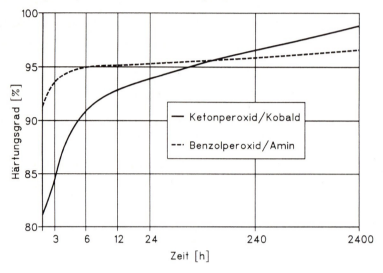

Härtungsgrad bei Raumtemperatur-Nachhärtung in Abhängigkeit vom Härtungssystem

Die besonderen Eigenschaften der UP-Harze sind:

- bewährte, preiswerte, vielseitige, gut beständige Gießharze
- große Variabilität in der Verarbeitung
- relativ große Verarbeitungsschwindung (ca. 8 %), der Volumenschwund tritt nach dem Gelieren auf.
- Umweltbeanspruchung durch Styrol als Löse- und Copolymerisationsmittel
- Handelsnamen sind: Palatal (BASF), Vestopal (Hüls), Alpolit (Hoechst), Synolite (DSM)

3.2 Epoxidharze (nach Möckel/Fuhrmann)

EP-Harze sind bei Raumtemperatur flüssig bis fest, von leicht gelblicher bis dunkelbrauner Farbe und können zusätzlich Hilfsstoffe, wie Lösemittel enthalten. Sie haben im Molekül mindestens eine, in den meisten Fällen zwei Epoxidgruppen, die als funktionelle Gruppen für den Aufbau zu kompakten Polymeren erforderlich sind.

Die Härterkomponente wird als Flüssigkeit oder in Pulverform geliefert. Sie enthält im Molekül aktive Wasserstoffatome, die jeweils mit den Epoxidgruppen des Harzes reagieren.

$$-\underset{|}{\overset{H}{C}}-\underset{|}{\overset{H}{C}}-H$$
$$\diagdown\!\!O\!\!\diagup$$

Epoxidgruppe

$$4\ \sim\!\!R'\!-\!O\!-\!CH_2\!-\!CH\!-\!CH_2 \quad + \quad NH_2\!-\!R\!-\!NH_2$$
$$\diagdown\!O\!\diagup$$

Epoxidharz   Diamin

$$\sim\!\!R'\!-\!O\!-\!CH_2\!-\!\underset{|}{\overset{OH}{CH}}\!-\!CH_2\diagdown\diagup CH_2\!-\!\underset{|}{\overset{OH}{CH}}\!-\!CH_2\!-\!O\!-\!R'\!\!\sim$$
$$N\!-\!R\!-\!N$$
$$\sim\!\!R'\!-\!O\!-\!CH_2\!-\!\underset{|}{\overset{}{CH}}\!-\!CH_2\diagup\diagdown CH_2\!-\!\underset{|}{\overset{}{CH}}\!-\!CH_2\!-\!O\!-\!R'\!\!\sim$$
$$OHOH$$

Polyaddition-Reaktion zwischen Epoxidharz und einem Diamin als Härter

Beide Komponenten werden im flüssigen Zustand sorgfältig miteinander vermischt. Der Reaktionsmechanismus (Polyaddition) der EP-Harze erfordert das genaue Einhalten des Mischungsverhältnisses von Reaktionsharz und Reaktionsmittel. Der Härter wirkt nicht als Katalysator, sondern ist ein Reaktionspartner.

Beim Härten wird Reaktionswärme frei. Die Wärmemenge ist in erster Linie von der Reaktivität des Reaktionsmittels abhängig. Bei der Auswahl der Komponenten, besonders für das Herstellen großvolumiger Teile, ist dies zu berücksichtigen. Im Unterschied zu den UP-Harzen mit 5 - 9 % ist die Volumenschwindung (Reaktionsschwindung) mit 2 - 5 % wesentlich niedriger. Das erklärt sich dadurch, daß bei den UP-Harzen die Schwindung erst nach dem Gelieren einsetzt, während sie bei den EP-Harzen z.T. schon in der flüssigen Phase erfolgt. Die Fertigteile haben deshalb geringere Eigenspannungen und größere Maßgenauigkeit, d.h. die Schwindung wird durch nachfließendes Harz/Härtegemisch ausgeglichen, was nach dem Gelieren nicht mehr möglich ist. Das Entformen ist dagegen schwieriger.

EP-Harze genügen in Bezug auf Verarbeitbarkeit und Eigenschaften im gehärteten Zustand vielseitigen Anforderungen.

Modifizierte Typen

Es gibt eine Reihe von modifizierten Harzen, bei denen für spezielle Einsatzzwecke bestimmte Eigenschaften gegenüber Normaltypen verbessert sind, allerdings meist auf Kosten anderer Eigenschaften:

- EP-Harze mit erhöhter Wärmeformbeständigkeit
- Flexible EP-Harze, die hauptsächlich als Zusatz zu anderen EP-Harz-Typen verwendet werden, um deren Schlagzähigkeit und Bruchdehnung zu erhöhen
- EP-Harze mit Brandschutzausrüstung enthalten Ausgangsprodukte chemisch eingebauter Halogene oder anderer Atome (z.B. Phosphor).

Modifizierte Harze können fertig bezogen oder vom Verarbeiter selbst konfektioniert werden. Folgende Modifizierungsmittel werden verwendet:

- reaktive Verdünner zum Erniedrigen der Viskosität (z.T. cancerogen)
- Flexibilisatoren zum Erniedrigen der Sprödigkeit
- Weichmacher werden chemisch nicht eingebaut, dienen zum Erhöhen der Flexibilität von kalthärtenden Systemen

Flammenhemmende Zusätze für Harzsysteme ohne Brandschutzausrüstung sind z.B.

- chlorhaltige Paraffine
- Antimontrioxid in Verbindung mit chlorhaltigen Produkten, halogenisierte Phosphorsäureester, Aluminiumoxid-Trihydrat und Aluminium-Hydroxid.

Härtung

Zur Berechnung des stöchiometrischen Mischungsverhältnisses gibt es drei Kennzahlen, die von den Herstellern für das jeweilige Harz angegeben werden.

Epoxid-Äquivalent: Harzgewicht (g), in dem 1 Mol[*] Epoxidgruppe enthalten ist
Epoxidwert: Anzahl der Mole Epoxidgruppe in 100 g Harz
H-aktiv-Äquivalent: Härtergewicht (g), in dem 1 Mol aktiver Wasserstoff enthalten ist.

$$\text{Epoxidwert} \cdot \text{H-aktiv-Äquivalent} = \text{Härter (g) je 100 g Harz}$$

Auf diese Art und Weise ist die erforderliche Härtermenge für 100 g Harz leicht errechenbar.

---

[*] Ein Mol ist diejenige Menge eines chemisch einheitlichen Stoffes, die ebensoviele Gramm enthält, wie das rel. Molekulargewicht des Stoffes beträgt.
Das relative Molekulargewicht ist die Summe der rel. Atomgewichte der im Molekül enthaltenen Atome.
Das rel. Atomgewicht ist die Masse eines Atoms bezogen auf die Masse des Kohlenstoffisotopes ^{12}C.

Je nachdem, ob diese Reaktion der Epoxidgruppen mit den aktiven Wasserstoffatomen schon bei Raumtemperatur oder erst bei erhöhter Temperatur erfolgt, werden die Härter als Kalthärter oder Warmhärter bezeichnet. Die Härtungsreaktion verläuft exotherm, d.h. unter Wärmeabgabe. Der aufgrund der geringen Wärmeleitung eintretende Wärmestau kann bei größeren Ansätzen zu Überhitzungen führen.

Eine Kalthärtung von Standard-Systemen dauert normalerweise 24 Stunden, auch wenn das Harz schon schneller fest wird. Eine vollständige Härtung wird durch mehrstündiges Nachhärten bei 60 °C bis 100 °C erreicht.

Zur Warmhärtung werden Säureanhydridhärter und ggf. zusätzlich Aminbeschleuniger verwendet. Je nach Einstellung des Harzes läuft die Härtung dann bei 100 °C bis 160 °C ab und dauert ca. 2 - 10 Stunden.

Zusätze von 0,5 bis 2 Gew.-% Beschleuniger bewirken eine Verkürzung der Härtungszeit auf etwa ein Viertel bei gleichbleibenden Eigenschaften des Formstoffes.

Die Härtung ist durch die Beweglichkeit der molekularen Dipole gekennzeichnet. Durch die Härtung werden die Moleküle chemisch eingebunden und ihre Beweglichkeit behindert, bzw. der Verlust (=Dissipation) im elektrischen Feld verringert. Die Beweglichkeit wird durch erhöhte Temperaturen gefördert. Dadurch ist ein weiterer Ablauf des Härtungsprozesses möglich.

Gut läßt sich der Aushärtegrad durch die Glasübergangstemperatur feststellen. Je höher diese ist, umso besser ist der Harzansatz gehärtet. Durch eine höhere Härtetemperatur läßt sich zudem die Härtung beschleunigen.

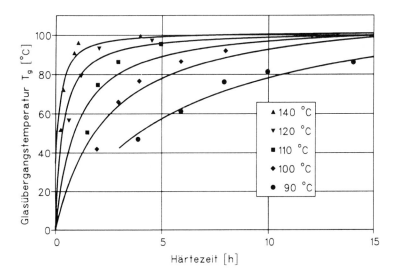

Glasübergangstemperatur von EP-Harz mit Füllstoff in Abhängigkeit von der Härtezeit und Temperatur

Viskosität und Exothermie

Nach dem Mischen von Harz- und Härterkomponente beginnt die Bildung des Makromoleküls. Diese Reaktion ist durch zwei physikalische Vorgänge gekennzeichnet, durch die Exothermie und den Viskositätsanstieg.

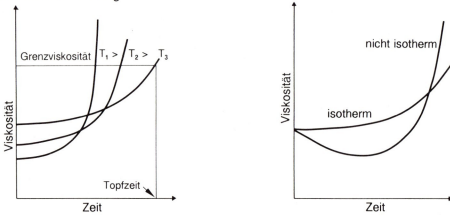

Isothermer und nicht isothermer Viskositätsverlauf

Zur Exothermie: Harz und Härter reagieren unter Wärmeabgabe. Diese exotherme Reaktion bewirkt eine Temperaturerhöhung der Reaktionsharzmasse, die von der Menge, von den Abmessungen des Mischgefäßes sowie der Geometrie des Bauteils abhängt.

Zur Viskositätserhöhung: In der Praxis treten zwei gegenläufige Erscheinungen auf:

- die Erhöhung der Viskosität als Folge der Bildung der Makromoleküle und
- eine Erniedrigung der Viskosität durch Temperaturerhöhung als Folge der exothermen Reaktion.

Bei großen Messungen überwiegt zu Beginn die Erniedrigung der Viskosität.

Der nicht isotherme Viskositätsanstieg ist durch ein sog. Viskositätstal gekennzeichnet, das in der Praxis ausgenutzt wird, beispielsweise um eingerührte Luftblasen aufsteigen zu lassen.

Um verschiedene Reaktionsharzmassen miteinander vergleichen zu können, muß man den isothermen Viskositätsanstieg messen. Isotherme Bedingungen einzuhalten, gelingt natürlich nur bei hinreichend geringen Substanzmengen.

An Hand des isothermen Viskositätsanstiegs wird auch die sog. Topfzeit definiert als Schnittpunkt der Viskositätskurve mit einer vorgegebenen Grenzviskosität. Die Topfzeit wird in den Verarbeitungsvorschriften der Lieferanten angegeben. Die DIN 16 945 gibt als Grenzviskosität für nicht mineralisch gefüllte Reaktionsharzmassen einen Wert von 1 500 mPa·s an, für mineralisch gefüllte einen Wert von 15 000 mPa·s.

Beim Übergang vom flüssigen in den festen Zustand, d. h. von der Reaktionsharzmasse zum Formstoff, findet aus chemischen und physikalischen Gründen eine Volumenkontraktion und somit eine Dichtezunahme statt. Die damit verbundenen Vorgänge lassen sich am besten im Dichte/-Temperaturschaubild nach Fisch und Hofmann darstellen. Die Dichteabnahme der Reaktionsharzmasse verläuft mit steigender Temperatur entlang der Linie AB, die Dichteabnahme des Formstoffes entlang der abgeknickten Linie FED. Die Steigung der Geraden entspricht dabei den räumlichen Temperaturausdehnungskoeffizienten der Reaktionsharzmasse und des Formstoffes.

Bemerkenswert ist der Knick am Punkt E. Die Temperatur am Punkt E stellt die Glasübergangstemperatur (T_G) des Formstoffes dar. Man kann an dem Linienzug erkennen, daß der Formstoff oberhalb der Glasübergangstemperatur einen höheren Volumenausdehnungskoeffizienten aufweist. Zwischen den beiden Geraden liegt die Gelierlinie. Hier erreicht die Reaktionsharzmasse den Zustand "nicht mehr fließfähig".

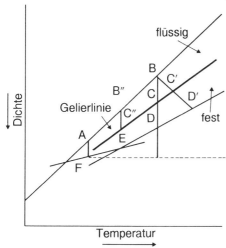

Dichte/Temperatur-Schaubild nach Fisch und Hofmann

Die Vorgänge bei der Härtung einer Reaktionsharzmasse lassen sich verdeutlichen: Beginnend bei der Temperatur im Punkt A wird eine Reaktionsharzmasse in einer sehr kurzen Zeit auf die zum Punkt B gehörende Temperatur aufgeheizt. Hier setzt die Härtung ein und verläuft unter Dichtezunahme über den Punkt C zum Punkt D. Am Punkt D ist die Härtungsreaktion beendet. Die Dichtezunahme zwischen BC und CD wird als chemischer Schwund gekennzeichnet. Diese läßt sich wiederum unterteilen in einen Schwund in der noch fließfähigen Phase BC und in einen in der nicht mehr fließfähigen Phase zwischen C und D.

Im Punkt D erfolgt Abkühlung des Formstoffs auf Gebrauchstemperatur entlang des Streckenzugs DEF. Analog zum chemischen Schwund kann man diesen Teil des Schwunds, gekennzeichnet durch die Differenz der Dichte zwischen den Punkten D und F als physikalischen oder Abkühlungsschwund bezeichnen.

Es ist offensichtlich, daß nur der Schwund in der nicht mehr fließfähigen, d.h. in der festen Phase, Dimensionsänderungen des Formstoffs hervorrufen kann. Diese sind über den Elastizitäts-Modul mit der Ausbildung innerer Spannungen verbunden. Dabei ist der Anteil des Schwunds nach Unterschreitung der Glasübergangstemperatur besonders wichtig. Zwar ist der Wärmeausdehnungskoeffizient des Formstoffs in diesem Bereich geringer, der E-Modul jedoch um 2,5 bis 3 Größenordnungen höher. Die beiden Größen stehen in einer einfachen Beziehung zueinander: die Schwundspannung ist vom Produkt aus Wärmeausdehnungskoeffizienten und E-Modul abhängig.

Aus dem Dichte/Temperatur-Diagramm werden die Schwierigkeiten ersichtlich, die auftreten, wenn man von der zuvor beschriebenen isothermen Härtung abweicht. Gelingt es bei der Härtung nicht, die entstehende Wärme vollständig abzuführen, so wirkt der Dichtezunahme durch die chemische Reaktion eine Dichteabnahme infolge exothermer Übertemperatur entgegen. Man gelangt dann vom Punkt B zu den Punkten C'D'. Es läßt sich leicht erkennen, daß hierdurch der Anteil des Schwunds in der noch fließfähigen Phase drastisch vermindert wird.

Die Strecke B"C" gibt den Verlauf der Dichte über der Temperatur bei der sogenannten Stufenhärtung wieder. Stufenhärtung bedeutet, bei einem niedrigen Niveau der Härtungstemperatur die dadurch langsamer entstehende Wärme abzuführen, um so die Ausbildung einer Exothermie durch die Wärmeleitung wirksam zu unterbinden. Man erreicht auf diese Art und Weise mit höherer Sicherheit den optimalen, den isothermen Verlauf der Härtung.

Eigenschaften der Harzmasse, die für die Verarbeitung von Bedeutung sind:

- Viskositätsverlauf
  Änderung der Viskosität einer Reaktionsharzmasse während der Gebrauchsdauer.
- Exotherme Spitzentemperatur
  Maximaltemperatur während des Härtens einer Reaktionsharzmasse. Sie kann zeitlich oft erheblich nach dem Gelierpunkt auftreten.
- Glasübergangstemperatur
  Zur Bestimmung des Aushärtegrades, besser geeignet als Bestimmung der Reaktionswärme mittels der Differentialthermoanalyse
- Härtungszeit
  Zeit bis zum Abschluß der Härtungsreaktion. Dieser Zeitpunkt ist bei kalthärtenden Systemen oft erst nach Tagen oder Wochen erreicht. Ein Nachhärten bei erhöhter Temperatur verkürzt die Härtungszeit.

Die Eigenschaften der ausgehärteten EP-Harze hängen stark von der Art des verwendeten Härters, der Härtungstemperatur und dem zeitlichen Härtungsablauf ab. Sie sind gekennzeichnet durch:

- sehr geringe Schwindung (ca. 3 %) beim Verarbeiten. Dieser Volumenschwund tritt weitgehend vor dem Gelieren ein, so daß sehr maßgenaue Teile gefertigt werden können. Außerdem entstehen vor allem bei den langsam härtenden Systemen kaum Eigenspannungen.
- sehr gute Haft- und Klebeeigenschaften; die meisten hochwertigen Kleber sind Epoxidharzsysteme
- gute mechanische Eigenschaften, vor allem bei dynamischer Beanspruchung
- hohe Temperaturbeständigkeit (T_G bei Heißhärtern ca. 200 °C)
- beim Dosieren sind nur sehr kleine Toleranzen zulässig, d.h. das Verhältnis Harz/Härter muß genau eingehalten werden
- EP-Harze haben meist eine hohe Viskosität. Zur Erhöhung der Durchtränkungsfähigkeit bei der Verarbeitung, kann die Viskosität durch Erhöhung der Temperatur oder reaktive Verdünner (z.T. cancerogen) gesenkt werden. Dabei wird allerdings auch die Topfzeit verkürzt.
- gute elektrische Eigenschaften, z.B. hohe Durchschlagsfestigkeit
- lange Lagerzeit der reaktionsfähigen Masse bei warmhärtenden Systemen
- z.T. sind lange Härtungszeiten erforderlich (~24 Std.), besonders bei kalthärtenden Systemen
- EP-Harze sind 3 - 4 mal so teuer wie UP-Harze
- Handelsnamen sind:
Epikote (Shell), Rütapox (Rütag), Araldit (Ciba-Geigy).

	EP	UP
Härtungsvariation	- (Polyaddition)	+ (Polymerisation)
Verarbeitungsverfahren	-	+
Haftung	+	-
dynamische Eigenschaften	+	-
Maßgenauigkeit	+	-
Preis	- (4-fach)	+

Vergleich zwischen EP- und UP-Harzen

3.3 Vinylesterharze

Vinylester(VE)-harze werden hergestellt durch Umsetzung von Epoxiden mit Methacrylsäure. Diese werden aus Viskositäts- und Preisgründen in der Regel in den gleichen Monomeren (Styrol) gelöst wie UP-Harze. Gehärtet werden sie ebenfalls durch radikalische Polymerisation. Da der Doppelbindungsgehalt niedriger ist als in UP-Harzen und die Doppelbindungen ausschließlich an den Kettenenden positioniert sind, weisen VE-Harze bessere mechanische Eigenschaften, besonders höhere Zähigkeiten, auf.

Durch den erhöhten Anteil aromatischer Strukturen in der Hauptkette und dem reduzierten Esteranteil verbessern sich sowohl die Wärmeformbeständigkeit als auch die Chemikalien- und Hydrolysebeständigkeit.

Im Preis liegen VE-Harze zwischen UP- und EP-Harzen.

Chemismus der Vinylesterharze

3.4 Imidharze

Imidharze sind Thermoplaste. Sie werden als Präpolymere in polaren Lösemitteln gelöst. Die Fasern werden mit dieser Lösung imprägniert, anschließend wird das Lösemittel soweit wie möglich verdampft und das Harz bei 250 °C gehärtet und leicht vernetzt. Imidharze zeichnen sich durch hohe thermische und oxidative Beständigkeit, hohe Glasübergangstemperaturen, gute Alterungsbeständigkeit und günstiges Brandverhalten aus.

3.5 Thermoplaste

Bei einer Matrix aus Thermoplasten wird bei Kurzglasfaserverstärkung im Wesentlichen eine Verbesserung der Eigenschaften normaler Thermoplaste angestrebt. Bei einer Langfaserverstärkung handelt es sich, mit Ausnahme der glasmattenverstärkten Thermoplaste (GMT) um Hochleistungsverbundwerkstoffe. GMT stellen eine Art Zwischenstufe dar.

3.5.1 Kurzfaserverstärkte Thermoplaste

Bedingt durch die von langen Fließwegen gekennzeichneten Verarbeitungsverfahren des Spritzgießens und Extrudierens, sind zum Verstärken von Thermoplasten bei zwischengeschaltetem Aufschmelzvorgang keine langfaserigen Verstärkungsmittel - wie bei Reaktionsharzen üblich - geeignet. Eine Ausnahme bilden glasmattenverstärkte Thermoplaste, die als plattenförmiges Halbzeug für eine Weiterverarbeitung durch Pressen vorgesehen sind.

Die verwendeten Verstärkungsmittel lassen sich nach verschiedenen Gesichtspunkten einteilen. Bei einer rein mechanischen Betrachtung der Verstärkungsmechanismen bietet sich eine Einteilung nach der geometrischen Gestalt an:

eindimensional

- Beispiel: Glasfasern, Wollastonit, Cellulosefasern.
- Vorteil: insbesondere Glasfasern sind ein bewährtes Verstärkungsmittel, gute Krafteinleitung, erhebliche Kennwertverbesserung, geringere Schwindung.
- Nachteil: Anisotropie, geschwächter Querverbund, Orientierung beim Spritzgießen schwer beeinflußbar

zweidimensional

- Beispiel: Glimmer und andere Silikate.
- Vorteil: preisgünstig, merkliche Kennwertverbesserung, verminderte Schwindung.
- Nachteil: gewisse Anisotropie senkrecht zur Plättchenebene, geringe Bindenahtfestigkeit.

dreidimensional

- Beispiel: Glaskugel, Kreide, Metallpulver, Silikate.
- Vorteil: wenig Verarbeitungsschwierigkeiten, gute Oberfläche, keine Anisotropie, Kreide ist sehr billig.
- Nachteil: Zugfestigkeit und Zähigkeit werden nicht erhöht, eher erniedrigt, Elastizitäts-Modul wird erhöht.

Ein wichtiges Beurteilungskriterium ist der Preis. Geht man davon aus, daß die Einarbeitungskosten für jedes Produkt etwa gleich sind, ist ein Verstärken nur dann sinnvoll, wenn

- die Eigenschaftsverbesserung oder Preiserniedrigung gegenüber dem unverstärkten Thermoplasten erheblich
- oder die Eigenschaftsbeeinflussung mit anderen Mitteln nicht zu erreichen ist.

Dabei gilt noch zu berücksichtigen, daß der Anteil an Verstärkungsmittel nicht beliebig zu steigern ist, ohne daß die für die Verarbeitung notwendige Benetzung beeinträchtigt wird (Oberfläche). Der übliche Verstärkungsmittelgehalt liegt zwischen 15 und 50 Gew.-%. Unter 15 Gew.-% ist kaum eine Verstärkungswirkung zu erreichen, über 50 Gew.-% ist die gleichmäßige Umnetzung der Fasern zu glatten Oberflächen schwierig. Außerdem sind Glasfasern sehr abrasiv und führen in der Maschine und im Werkzeug zum Verschleiß.

Da die Einarbeitungskosten bei den billigen Massenkunststoffen PS, PVC und PE im Vergleich zu den reinen Materialkosten relativ hoch sind, werden diese seltener verstärkt. Bevorzugt werden die teuren Konstruktions-Kunststoffe, bei denen die Anwendungsgrenzen dadurch noch weiter erhöht werden können, wie PA6, PA66, PBTP, PC, POM, PPO, wobei die Polyamide im Vordergrund stehen. Eine Ausnahme bildet PP, das wegen der guten Füllbarkeit und wegen spezieller, besonderer thermischer Eigenschaften in letzter Zeit zunehmend an Bedeutung gewinnt.

Als Vergleich zwischen unverstärkten und glasfaserverstärkten Werkstoffen, dient der Preis je Einheit der Festigkeit und Steifigkeit bei Zug- oder Druckbelastung bzw. bei Biegebelastung. Die Bemessungsgrößen sind für die

- Zug-/Druckfestigkeit: $\varrho \cdot M / \sigma_{ZD}$
- Biegefestigkeit: $\varrho \cdot M / \sqrt[2]{\sigma_B}$
- Zug-/Drucksteifigkeit: $\varrho \cdot M / E_{ZD}$
- Biegesteifigkeit: $\varrho \cdot M / \sqrt[3]{E_B}$

mit ϱ = Dichte in g/cm^3, M = Preis je Materialgewicht in DM/kg, σ = Festigkeit und E = Elastizitätsmodul, beide in N/mm^2.

		PBTP	GF-PBTP (30%)		SAN	GF-SAN (30%)	
			∥	⊥		∥	⊥
Dichte	[g/cm³]	1,29	1,53		1,08	1,36	
Festigkeit Zug: Biegung:	[N/mm²]	60 85	125 180	- 110	70 110	110 140	- 80
E-Modul Zug: Biegung:	[N/mm²]	2 600 2 400	10 000 9 000	4 050 4 150	3 700 3 500	10 000 10 000	- 5 500
Preis	[DM/kg]	6,40	7,10		3,25	4,45	
Preis je Einheit der Festigkeit Zug Biegung	10^7[DM/mm N] 10^7[DM/mm²N$^{1/2}$]	1,38 0,89	0,87 0,60	- 1,03	0,5 0,34	0,6 0,51	- 0,67
Preis je Einheit der Steifigkeit Zug Biegung	10^9[DM/mm N] 10^7[DM/mm$^{7/3}$N$^{1/3}$]	3,18 6,17	1,08 5,22	2,68 6,76	0,95 2,31	0,61 2,81	- 3,42

Preisbezogene Festigkeits- und Steifigkeitsbetrachtung

Es ergibt sich, daß unverstärkte Typen bei der Steifigkeitsbetrachtung im allgemeinen teurer sind als verstärkte. Besonders deutlich wirkt sich dies bei einachsiger Beanspruchung durch Druck oder Zug aus. Bei der Festigkeitsbetrachtung ergeben sich nur für eine Glasfaserverstärkung der teuren konstruktiven Kunststoffe Vorteile. Zu berücksichtigen ist, daß die der Betrachtung zugrunde liegenden mechanischen Kennwerte der verstärkten Kunststoffe wegen der günstigen Orientierungen in den Versuchsproben (Schulterstäbe) Maximalwerte sind.

3.5.2 Langfaserverstärkte Thermoplaste

Von der Entwicklung langfaserverstärkter Thermoplaste verspricht man sich

- Vorteile in der Verarbeitungstechnik (kein chemischer Prozeß)
- niedrigere Komponentenkosten
- ein zäheres Material
- eine höhere Schadenstoleranz.

Die Vorstellung, durch Verwendung von Thermoplasten gewisse Probleme vermeiden zu können, die von Duroplasten her bekannt waren, hat sich nur teilweise realisiert, da neue zusätzliche Probleme berücksichtigt werden müssen:

- von Verarbeitungsbedingungen abhängige kristalline Struktur
- die Empfindlichkeit gegenüber oberflächenaktiven Substanzen, die Spannungsrisse auslösen können.

Ein schwieriges Problem bei der Benetzung von Verstärkungsfasern mit Thermoplasten ergibt sich aus der hohen Schmelzviskosität. Diese beträgt bei entsprechend niedrigen Scherraten, zwischen 10^3 und 10^5 Pa·s. Epoxidharze liegen vergleichsweise bei 10^{-1} Pa·s. Die zur Viskositätserniedrigung notwendige hohe Temperatur birgt die Gefahr eines thermischen Abbaus der Matrix in sich. Wegen ihrer im allgemeinen niedrigeren Viskosität, haben teilkristalline Thermoplaste hier Vorteile.

Die Versuche, Thermoplaste als Lösungen imprägnierfreudiger zu gestalten, sind deswegen schwierig, weil hohe Anforderungen an die Lösungsmittelbeständigkeit im Gebrauch kaum mit einer Löslichkeit für die Fertigung vereinbar sind. Das Arbeiten mit Lösungsmittel erfordert sorgfältige Umweltschutzmaßnahmen. Lösungsmittel selbst sind häufig schwer zu entfernen und können zu unerwünschter Porösität führen.

Da thermoplastische Verbundwerkstoffe im Werkzeug im Wesentlichen nur umgeformt werden müssen, erwartet man günstigere Kosten:

- Die Lagerung des Halbzeugs bei erniedrigten Temperaturen ist überflüssig (bei Duroplasten soll eine beginnende Aushärtung dadurch vermieden werden). Hierzu gehört neben geringeren Investitionskosten auch, daß eine geringere Aufwärmzeit notwendig wird, sowie eine Qualitätskontrolle der Alterung des Prepregs entfallen kann.
- Thermoplastprepregs können als lagerfähiges Halbzeug angesehen werden.
- Geringere Werkzeugvorbereitung (keine anhaftenden Harzreste)
- Entfallen der Aushärtezeit im Werkzeug. Vorgewärmt wird außerhalb des Werkzeuges
- Keine sogenannten Autoklavprobleme (schneller Energiewechsel, Feuer, Belüftung, Undichtigkeiten).

Somit ergeben sich eine Reihe von Unterschieden bei der Anwendung von duroplastischen und thermoplastischen Matrizes bei Hochleistungsverbundwerkstoffen.

Hochleistungs-Thermoplast-Verbunde

Hochleistungs-Faserverbund-Kunststoffe bestehen bis zu 80 Gew.-% aus Verstärkungsfasern. Eine Verringerung der Materialkosten der Matrixwerkstoffe trägt daher nur unwesentlich zur Senkung der Gesamtkosten eines Hochleistungs-Faserverbund-Kunststoffes bei.

Neue Verbundwerkstoffe und die Technologien zu ihrer Herstellung werden sich gegenüber den am Markt breit eingeführten duroplastischen Verbundwerkstoffen nur durchsetzen, mit

- deutlich verbesserten Eigenschaftsprofilen
- geringeren Fertigungsaufwendungen und -kosten
- Lösung der Probleme der Umweltbelastung einschließlich Recycling

	Duroplaste	Thermoplaste
Matrix-Kosten	niedrig	niedrig/hoch
Verarbeitung zu Prepreg	sehr gut	schlecht
Prepreg-Haftung	sehr gut	keine
Lösemittelfreiheit	gut	gut bis sehr gut
Prepreg-Lagerfähigkeit	schlecht	sehr gut
Prepreg-Qualitätssicherung	befriedigend	sehr gut
Prepreg-Kosten	normal	hoch
Composite-Verarbeitung	langsam	langsam
Schwindung	mäßig	gering
Composite-Eigenschaften	gut	gut
Interlaminare Bruchzähigkeit	niedrig	hoch
Lösemittelbeständigkeit	gut	schlecht bis gut
Kriechwiderstand	gut	gering
Kristallisationsprobleme	keine	ja
Reparierbarkeit	gut (kleben)	schlecht

Vergleich von Eigenschaften von Hochleistungsverbundwerkstoffen mit Thermoplast und Duroplast Matrix.

Thermoplastverbunde verfügen dabei gegenüber konventionellen Duroplastsystemen über

- höhere Zähigkeiten
- schadenstoleranteres Verhalten
- geringere Feuchteempfindlichkeit
- unbegrenzte Lagerstabilität
- einfachere Verarbeitung
- kürzere Zykluszeiten in der Endfertigung
- thermische Nachformbarkeit und und Schweißbarkeit

Nachteilig sind

- die Kriechneigung
- schwierige Reparierbarkeit
- schlechte Tränkbarkeit der Verstärkungsfasern.

In Thermoplastverbunden ist das Verstärkungsmaterial flächig als Gewebe, Fadenlagennähgewirke, Vlies oder Matten aus geschnittenen und endlosen Fasern, fadenförmig oder in Form von Stapel eingebracht. Damit sind die Verstärkungsmaterialien bei der Thermoplastverstärkung prinzipiell die gleichen wie bei der Duroplastverstärkung.

Während die Kontaktierung mit dem Matrixmaterial bei den relativ niedrig viskosen Duroplasten beherrscht wird, sind bei Thermoplasten verschiedene Kontaktierungstechniken vorgeschlagen:

- Folienpressen (film stacking)
- Schmelzextrusion
- Schmelzpultrusion
- Imprägnieren mit Polymerlösungen
- Imprägnieren mit Polymerpulvern
- Fasermischen
- Imprägnieren mit Monomeren, Oligomeren oder Prepolymeren.

Die erhebliche **höhere Schmelzviskosität** der Thermoplaste kann durch eine erhöhte Temperatur erniedrigt werden, dabei besteht allerdings die Gefahr des thermischen Abbaus.

Bei den **Lösungsimprägnierungen** lassen sich zwar niedrige Viskositäten erreichen, es sind aber für eine Reihe von interessanten Thermoplasten keine geeignete Lösungsmittel verfügbar. Eine gute Löslichkeit bedeutet gleichzeitig auch eine Empfindlichkeit. Außerdem bereiten die Prozeßführung, die erforderlichen Sicherheits- und Schutzmaßnahmen sowie die Lösungsmittel-Rückgewinnung erhebliche Aufwendungen.

Bei den **Pulververfahren** ist im allgemeinen ein zusätzliches Kaltmahlen der Polymermaterialien erforderlich, da für eine gute Kontaktierung die Korngröße im Bereich der Größe der Durchmesser der Verstärkungsfasern liegen sollte.

Bei **Fasermischungen** werden vom Matrixmaterial Fasern hergestellt und mit den Verstärkungsfasern gemischt. Dabei wird eine gleichmäßige Durchmischung angestrebt, ohne die Verstärkungsfasern zu schädigen. Im einfachsten Fall erfolgt die Faserkombination in einem Gewebe, indem in den Fadensystemen Kette und Schuß getrennt oder wechselweise die unterschiedlichen Werkstoffe eingesetzt werden (Hybridgewebe/Coweaving). Die so erzielbare Mischung ist für viele Anwendungen noch unzureichend, weil die Matrixfäden beim Aufschmelzen die Verstärkungsfasern nicht vollständig imprägnieren.

Hybridfäden lassen sich herstellen durch Mischen der Filamente der einzelnen Komponenten (Commingling), durch Umwinden (Cowrapping) und durch gemeinsames Verspinnen (Cospinning). Es entstehen flexible, leicht verformbare Ausgangsmaterialien, die sich durch ihre textilen Eigenschaften vielseitig verarbeiten lassen und dabei auch in komplizierte, mehrdimensionale Formen gebracht werden können. Die Verbundbildung erfolgt ohne weitere Zusätze durch Aufschmelzen der Thermoplastfasern, beispielsweise durch Pressen, Wickeln, Bandablegen.

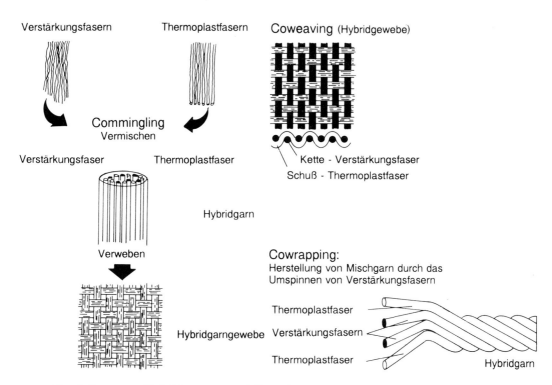

Herstellung von Hybridgarnen- und Geweben

Eine weitere Variante der Kontaktierung beruht auf der **Imprägnierung mit Vorprodukten** der Thermoplastmatrix und anschließendem Polymeraufbau bzw. Umsetzungen. Dieses Prinzip hat den Vorteil, daß die Vorprodukte im allgemeinen die Einzelfasern gut benetzen, jedoch den Nachteil, daß insgesamt bis zum fertigen Verbund komplizierte Prozeßführungen zu beherrschen und zu realisieren sind. Damit nähert man sich wieder den Duroplasten.

Mechanische Eigenschaften

Eine auf Zug beanspruchte, in die Matrix eingebettete Kurzfaser versucht sich, entsprechend der einwirkenden Kraft zu dehnen. Wegen des höheren Elastizitätsmoduls der Faser ist deren Dehnung, verglichen mit der Matrix, geringer. Es entsteht eine zunehmende Verschiebung zwischen Matrix und Faseroberfläche zum Faserende hin. Die dadurch hervorgerufenen Schubspannungen in der Grenzfläche steigen zum Faserende hin an, nehmen aber gleichzeitig mit zunehmendem radialen Abstand von der Faseroberfläche ab. Ein fester Verbund zwischen elastischer Faser und Matrix ist dabei vorausgesetzt.

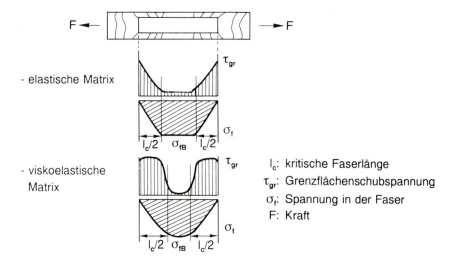

Spannungsverteilung an kurzfaserverstärkten Verbundkunststoffen

Ausgehend davon, daß nur über die Fasergrenzfläche eingeleitete Schub-Spannungen τ_x die Faser belasten, wird die Faserspannung σ_f zu:

$$\sigma_f = \frac{P_{f(x=0)}}{A_f} + \frac{\pi \cdot d_f}{A_f} \int_0^x \tau_x dx$$

mit A_f = Faserquerschnitt und $P_{f(x=0)}$ = Kraft in Faseranfang.

Die Schub-Spannungen in Nähe des Faserendes betragen bei elastischer Matrix das Mehrfache der mittleren Grenzflächenschubspannung τ_{gr}. Bei viskoelastischem Verformungsverhalten der Matrix werden die Spannungsspitzen abgebaut.

Die Schubspannungen können jedoch die Grenzflächen- bzw. Matrixschubfestigkeit nicht überschreiten. Vom Faserende ausgehend erfolgt ein Anstieg der Faserspannung σ_f, welcher - eine vollständige Haftung, und die Bedingung Grenzflächenschubfestigkeit > Matrixschubfestigkeit - vorausgesetzt, in eine Waagerechte übergeht, sobald die Fließspannung der Matrix erreicht ist.

Ein Schubspannungsfließen der Matrix in der Grenzschicht um eine einzelne Faser ist nur bei sehr guten Haftbedingungen vorstellbar. Im allgemeinen tritt vor Erreichen der Schubspannungsfließgrenze im Bereich der größten Grenzflächenschubbeanspruchung, d.h. an den Faserenden beginnend, ein reibungsbehaftetes Gleiten in der Grenzfläche auf, das nur eine Übertragung geringerer Kräfte erlaubt, als dieses bei vollkommener Haftung der Fall ist. Vom Faserende beginnend kommt es zu einer Verschiebung zwischen Faser und Matrix und bei weiterer Belastung zu einem Auszug der Faser (pull out). Entsprechend geringer wird auch die in die Fasern einleit- und damit übertragbare Kraft bzw. entsprechend länger muß die

Krafteinleitungsstrecke und damit die Faserlänge sein, um die Faserfestigkeit voll auszunutzen. Aus dieser Gleichsetzung wird die sog. kritische Faserlänge l_c berechnet zu:

$$l_c = \frac{\sigma_{fB} \cdot d_f}{\tau_B \cdot 2}$$

Dabei sind σ_{fB} die Faserbruchfestigkeit, d_f der Faserduchmesser und τ_B die Grenzflächen- bzw. Matrixschubfestigkeit.

Der Ansatz ist jedoch unzureichend, da nicht die Schubfestigkeit τ_B, sondern die tatsächlich auftretende Schubspannungsverteilung entlang der Faseroberfläche die Höhe der übertragenden Kräfte bestimmt. Diese zeigen besonders bei überwiegend elastischer Matrix große Unterschiede zwischen Maximal- und Minimalwerten der Schubspannung auf.

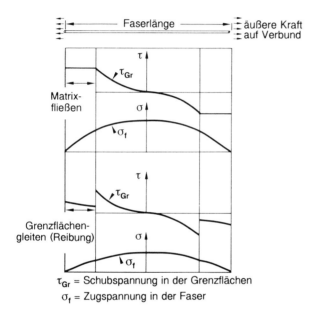

τ_{Gr} = Schubspannung in der Grenzflächen
σ_f = Zugspannung in der Faser

Spannungsverteilung entlang und in einer Faser mit Schubspannungsfließen der Matrix in der Grenzschicht (oben) und Grenzflächengleiten (unten) beginnend am Faserende

Bei Schubspannungsfließen in der Matrix, aber auch im Fall des Herausziehens der Faser mit Grenzflächengleiten, werden diese Unterschiede allerdings geringer. Die kritische Faserlänge hängt von der Qualität der Haftung ab. Am einfachsten läßt sie sich für den reinen Versagensfall durch Ausmessen der Restfaserlängen von gebrochenen, in Zugspannungsrichtung verstärkten Proben bestimmen. Die maximal auftretende Faserlänge ist dann die kritische.

Überkritische Faserlängen führen zum reinen Faserbruch oder kombinierten Faser-Auszugs-Bruch. Bei ihnen ist das Verhältnis der maximal beanspruchten Faserlänge zur Krafteinleitungsstrecke größer, und damit die Ausnutzung der vollen Faserfestigkeit über die Faserlänge.

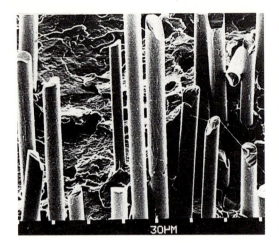 

Bruchfläche eines GF-PP (20 Gew.-%)
links: Grenzflächengleiten bei mäßiger Haftung
rechts: Teilweises Matrixgleiten bei sehr guter Haftung

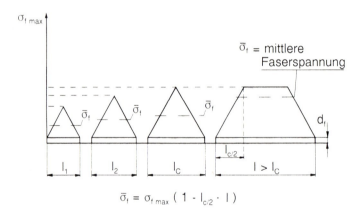

$$\bar{\sigma}_f = \sigma_{f\,max} \left(1 - l_{c/2} \cdot l \right)$$

Zusammenhang zwischen Faserlänge l, kritische Faserlänge l_c und mittlerer Spannung in der Faser σ_f

Die im Versuch im Bruchbild gemessenen Faserlängen sind kleiner oder gleich der kritischen Faserlänge l_c, da die Faser auch in zwei Teile zerbricht, falls die aktuelle Länge ein wenig über l_c liegt. Die Länge der Bruchstücke liegt somit zwischen 1/2 l_c und l_c. Die mittlere Länge l_f der Bruchstücke beträgt ungefähr 3/4 der kritischen Faserlänge l_c.

Solange die Faserlänge geringer als die kritische ist, führt eine Verlängerung der Faser zu einer Festigkeitssteigerung des verstärkten Kunststoffs. Wird die kritische Faserlänge erreicht, ist die weitere Festigkeitszunahme gering, wie beim GF-PA 6.

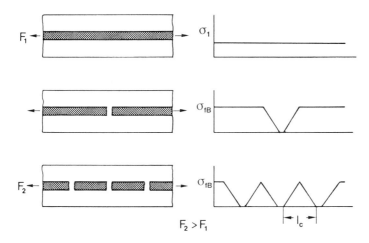

Faserbrüche und Spannungen in der Faser bei zunehmender Dehnung bei einzelner, eingebetteter Faser. Es treten soviel Faserbrüche auf, bis an keiner Stelle mehr die Faserbruchspannung σ_{fB} überschritten wird:
niedrige Spannung (oben); die Spannung in der Faser überschreitet die Faserbruchspannung (unten)

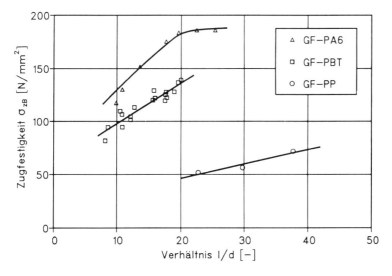

Einfluß des Verhältnisses von Glasfaser-Länge zu Durchmesser (l/d) auf die Zugfestigkeit σ_{zB} von glasfaserverstärkten Thermoplasten

Eine in eine Matrix eingebettete Faser ruft in gleicher Weise, wie sie zu einer Verstärkung führt, eine Kerbspannungskonzentration an den Faserenden hervor. Solange der Fasergehalt eine bestimmte Größe nicht erreicht hat, überwiegt besonders bei spröder Matrix die Kerbwirkung und die Matrix wird geschwächt.

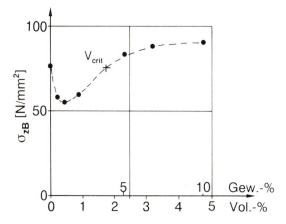

Zugfestigkeit σ_{zB} von glasfaserverstärktem Polyamid 6 (GF-PA 6), trocken, in Abhängigkeit vom Glasfasergehalt, V_{crit} = kritisches Faservolumen

Eine Steifigkeitserhöhung tritt schon bei kleinsten Faseranteilen auf. Eine dem kritischen Faservolumen entsprechende Erscheinung gibt es daher bei der Steifigkeit nicht. Der Effekt wird verstärkt, wenn wegen der geringen Bruchdehnung überkritisch langer Fasern zunächst die Fasern stärker zum Tragen kommen, nach deren Versagen aber die Matrix die Kräfte übernimmt. Diese Kerbspannungskonzentrationen führen dazu, daß ein geringer Anteil von Fasern zunächst einen Abfall der Festigkeit des Verbundes bewirkt.

Erst oberhalb von ca. 5 Gew.-% Fasergehalt kann eine eindeutige Verstärkungswirkung beobachtet werden. Überträgt man diese, an einer zweidimensionalen Probe gemachte Feststellung auf eine dreidimensionale Bauteilform, ist eine eindeutige Verstärkungswirkung erst bei 15 Gew.-% Faseranteil gesichert. Dieses ist daher der untere Wert für Handelsware. Die obere Grenze des Glasfasergehalts bei Kurzglasfaserverstärkung wird durch die Verarbeitungstechnik gesetzt. Sie liegt bei den Thermoplasten bei max. 60 Gew.-%. Bei größeren Glasfasergehalten ist eine vollständige Umhüllung der Fasern nicht mehr gewährleistet, außerdem nimmt dann der Maschinenverschleiß bei der Verarbeitung stark zu.

Praktische Bedeutung der Orientierung

Von ähnlicher Bedeutung wie bei glasfaserverstärkten Reaktionsharzen - nur sehr viel schwieriger zu beeinflussen - ist der Einfluß der Faserorientierung bei glasfaserverstärkten Thermoplasten. Im Gegensatz zu den langfaserigen Matten, Rovings und Geweben ist bei einer Beanspruchung der kurzen Fasern in Thermoplasten in Faserrichtung an den Faserenden mit einer Spannungskonzentration in der anliegenden Matrix zu rechnen. Bei spröden Thermoplasten kann diese Spannungskonzentration nur langsam durch Relaxation abgebaut werden, so daß bei der Einlagerung weniger Fasern der Kerbspannungseffekt den Verstärkungseffekt überlagert, und es zunächst zu einem Fertigkeitsabfall kommt. Senkrecht zur Faser sind die Verhältnisse bei kurzen und endlosen Fasern prinzipiell gleich.

Kennwerte parallel und senkrecht zur Faserrichtung werden an gespritzten Platten ermittelt. Diese Platten wurden mit Bandanguß gespritzt, um eine möglichst gleichmäßige Orientierung zu erreichen.

Aus Schliffbildern ergibt sich, daß in den seitlichen Bereichen der beiden äußeren Schichten eine Vorzugsorientierung der Fasern in Fließrichtung auftritt. Im mittleren Bereich ist die Orientierung stärker zur Fließrichtung angelegt. Scharf markiert ist eine wenige zehntel Millimeter dicke Mittelschicht senkrecht zur Spritzrichtung. Diese Mittelzone der Probe verbleibt am längsten im plastischen Zustand.

Wahrscheinlich werden unter dem Einfluß des Nachdrucks die Glasfasern infolge des in Fließrichtung bestehenden Druckabfalls senkrecht zur Fließrichtung gedreht. Die Dicke dieser Schicht ist über die Plattenlänge und - breite nicht konstant und fällt zum Fließende hin ab.

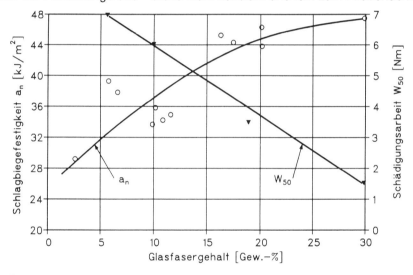

Schlagbiegefestigkeit und Schädigungsarbeit an Platten von GF-PBTP in Abhängigkeit vom Glasfasergehalt

Die starke Orientierung hat zu einer weitverbreiteten Unsicherheit in der Beurteilung des Zähigkeitsverhaltens faserverstärkter Thermoplaste geführt. Die übliche Messung der Schlagzähigkeit im Schlagbiegeversuch an einem Stab nach DIN zeigt einen deutlichen Anstieg der Werte mit zunehmendem Glasgehalt, der Fallbolzentest an einer Platte dagegen einen genau gegensinnigen Verlauf. Der Schlagbiegeversuch ist als eine schnelle Biegeprüfung und damit mehr als Festigkeitsprüfung anzusehen, der nur Aussagen über das Arbeitsaufnahmevermögen von stabförmigen Bauteilen zuläßt. Der Fallbolzentest an Platten oder Gehäusen kommen dagegen den meisten Anwendungen in der Praxis sehr viel näher. Je mehr Fasern in der Platte vorhanden sind, um so stärker wird deren Orientierung und um so schwächer die entsprechende Querfestigkeit, die als Versagenursache anzusehen ist.

Schwindung, Verzug

Beim Spritzgießen glasfaserverstärkter Thermoplaste werden die Fasern mehr oder weniger stark in Fließrichtung orientiert. Die Glasfasern blockieren die thermische Schwindung des abkühlenden Kunststoffs, und zwar in Längsrichtung der Fasern - d.h. in Fließrichtung - deutlich stärker als quer zur Fließrichtung.

Die Volumenminderung beim Abkühlen und Erstarren von PA 6 und PA 66 von 300 auf 20 °C beträgt etwa 17 Vol.-%. In diesem Temperaturbereich ist bei den E-Glasfasern nahezu keine Volumenkontraktion zu erkennen. Durch die daraus resultierende große Verarbeitungs-schwindungs-Differenz

$$\Delta S = S_{Quer} - S_{Längs}$$

kann es bei glasfaserverstärkten Thermoplasten zu einem starken Verzug spritzgegossener Teile kommen.

Durch gezielte Maßnahmen bei der Werkzeugkonstruktion, Angußgestaltung, Lage und Anzahl der Angüsse, Verrippungen, Wanddickenunterschiede usw., kann die Vorzugsorientierung der Glasfaser zugunsten einer Durchwirbelung aufgehoben werden und somit die Verzugsneigung beeinflußt werden.

Mit abnehmender Glasfaserlänge bzw. abnehmendem Längen/Durchmesser-Verhältnis von z.B. $l/d = 20$ auf ≤ 10 kann die Verarbeitungsschwindungs-Differenz ΔS und somit die Verzugs-neigung verringert werden. Vorteile der Glasfaserverstärkung, wie erhöhte Zugfestigkeit und verbesserte Wärmeformbeständigkeit gehen dabei aber teilweise verloren.

Setzt man statt Glasfasern Glaskugeln, bzw. mineralische Zusatzstoffe ein, deren l/d-Verhält-nis ≈ 1 beträgt, so ist die Verzugsneigung der daraus gespritzten Teile wesentlich geringer, gleichzeitig müssen aber bei diesen, nicht nur faserverstärkten Werkstoffen, Abstriche beim mechanischen Eigenschaftsniveau gemacht werden.

Die Schwindung hängt stark von dem Verstärkungsmaterial ab. Während beim unverstärkten PA 6 sowie bei mit Kreide, mit Silikat bzw. mit Glaskugeln verstärktem PA 6 Längs- und Querschwindung ungefähr gleich sind und die Verzugsneigung relativ gering ist, beträgt die Querschwindung beim glasfaserverstärkten PA 6 mit 0,8 % mehr als das Doppelte der Längsschwindung, d.h. der Schwindung in Richtung der Faserorientierung. Ein starker Verzug der Teile ist die Folge.

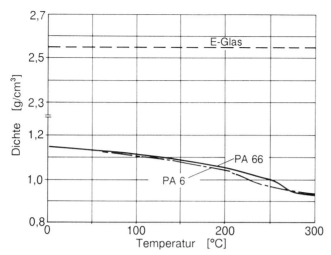

Dichte von PA 6, PA 66 und E-Glas in Abhängigkeit von der Temperatur

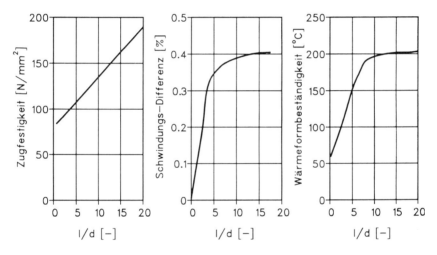

Zugfestigkeit, Verarbeitungsschwindungs-Differenz und Wärmeformbeständigkeit in Abhängigkeit vom Längen/Durchmesser-Verhältnis der Fasern (GF-PA)

Einfluß von Füllstoffen

Während der E-Modul und damit die Steifigkeit durch den Zusatz von Glaskugeln, mineralischen Füllstoffen und Glasfasern mehr oder weniger erhöht wird, können insbesondere die Zugfestigkeitseigenschaften nur mit einer Faserverstärkung verbessert werden. Die Wärmeformbeständigkeit - d.h. die Steifigkeit bei erhöhten Temperaturen - ist durch körnige Zusatzstoffe wie Kreide und Glaskugeln ebenfalls nicht im gleichen Umfang wie bei einer Faserverstärkung zu verbessern, da über kugelige Körper kaum Kräfte übertragen werden können. Silikate mit plättchenförmiger Geometrie und noch stärker Glasfasern führen dagegen zu einer deutlichen Eigenschaftsverbesserung. Zusätzlich ist der Einfluß von Pigmenten und

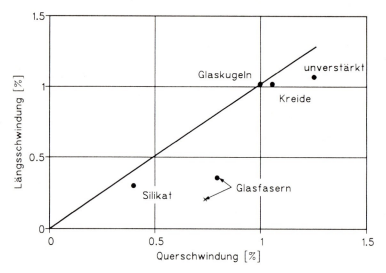

Längs- und Querschwindung von 150 x 150 x 2 mm großen Platten aus PA 6 (Bandanguß) ohne und mit Zusatzstoffen (Anteil jeweils 30 Gew.-%, bei x 50 Gew.-%)

die Ausrüstung von Glasfasern auf das Zähigkeitsniveau von glasfaserverstärkten Thermoplasten zu berücksichtigen.

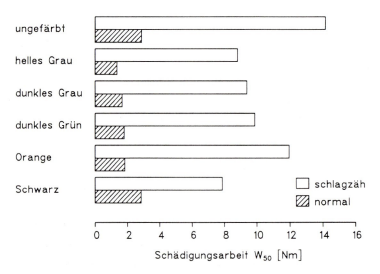

Einfluß von Farbpigmenten auf die Schädigungsarbeit W_{50} von GF-PA 6 (30 Gew.-%) in normaler und schlagzäher Einstellung (spritzfrisch = < 0,2% Wasser)

4. Verbund

4.1 Grenzfläche/Grenzschicht

Den Übergang von der Faseroberfläche zur Matrix bezeichnet man als Grenzfläche. Um die Faser während des Verarbeitungsprozesses zu schützen, um deren Verarbeitbarkeit zu erleichtern und um die Haftung zwischen Faser und Matrix zu verbessern, wird die Faseroberfläche mit einer Ausrüstung versehen. Diese wird normalerweise auf die Faseroberfläche aufgetragen, da so gewährleistet ist, daß sie sich in der Grenzfläche befindet, andererseits ist nur so ein Schutz des Verstärkungsmateriales möglich. Man bezeichnet diese Ausrüstung im späteren Verbundwerkstoff auch als Faser-Matrix-Grenzschicht. Während die Haftvermittler-Schlichte bei der Glasfaser direkt beim Ausziehprozeß aufgetragen wird, muß sie bei Kohlenstoffasern auf den fertigen Strang (bis zu 12 000 Einzelfäden) aufgebracht werden.

Die Schlichte hat folgende Aufgaben:

- Verkleben der Elementarfasern zu einem Spinnfaden
- Schutz der empfindlichen Oberfläche
- Anpassung des jeweiligen Textilglaserzeugnisses an den Verarbeitungsprozeß
- Verbesserung der Haftung zwischen Harz und Fasern (Kunststoffschlichte)

Die komplexen Anforderungen werden u.a. durch die drei folgenden wichtigsten Bestandteile erreicht:

- Filmbildner, leicht und vollständig benetzende Vinylacetate, Polyester- und andere Harze, die die Elementarfasern schützen und zu Spinnfäden verkleben
- Gleitmittel, die dem Spinnfaden bzw. dem Textilglasprodukt die erforderlichen Gleiteigenschaften verleihen
- Haftvermittler, insbesondere auf Silan- und Chrombasis, die für eine gute Haftung zwischen Harz und Faser sorgen. Haftvermittler werden dem jeweiligen Harz angepaßt.

Die Haftvermittler sollen alle einzelnen Fasern möglichst vollständig benetzen. Eine Schlichte sichert dagegen den äußeren Schutz eines ganzen Spinnfadens bei der Verarbeitung z.B. durch Vermeidung eines Reibens der Fasern untereinander. Zudem ist z.B. das Verweben von Fasern eine andere Beanspruchung als das unidirektionale Ausrichten von endlosen Fasern in einem Gelege.

Die Anforderungen der Haftungsverbesserung stimmen daher mit denen der Erleichterung der Verarbeitung meistens nicht überein. Es kann notwendig sein, nach der Fertigstellung des Verstärkungsmateriales, z.B. als Gewebe, zunächst die Verarbeitungsschlichte zu entfernen und danach einen Haftvermittler aufzutragen.

Die meisten Ausrüstungen bestehen aus Polymeren mit guter Benetzungsfähigkeit der Fasern. Sie enthalten daher häufig polare Gruppen, die zwar die Benetzungsfähigkeit erleichtern, jedoch Feuchtigkeit absorbieren können. Praktisch bedeutet das, daß sie Wasser anziehen, die Grenzschicht damit erweichen und die Bindefestigkeit zwischen Matrix und Verstärkungsfaser reduzieren. Bei glasfaserverstärkten Kunststoffen spielt dies eine besondere Rolle, da Glasfasern selbst hydrophil sind. Wünschenswert ist daher eine Ausrüstung, die mit dem Matrixpolymer reagiert und so die polaren Gruppen abbaut. Bei Kohlenstoffaser-EP-Laminaten kennt man das **hot-wet**-Problem, das durch einen Festigkeitsabfall bei erhöhter Temperatur und Feuchtigkeit (Tropenklima) gekennzeichnet ist.

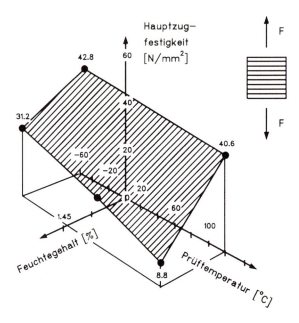

Einfluß von Temperatur und Feuchte auf die Zugfestigkeit $\sigma_{\perp B}$ von CF-EP-Laminaten senkrecht zur Faserrichtung

Ein weiteres Problem ergibt sich dadurch, daß die Formbeständigkeit der Ausrüstungen bei erhöhter Temperatur i.a. relativ niedrig ist und damit eine Schwachstelle bei der Verwendung von hochtemperaturbeständigen Matrix bedeutet. Man versucht daher diese Polymere selbst als Schlichten zu verwenden, auch wenn sie i.a. eine schlechte Benetzungs- und Spreitungsfähigkeit haben.

Auf **Glasfasern** kondensieren die als Haftvermittler eingesetzten Silane unter Einbeziehung der vorhandenen OH-Gruppen auf der Glasfaseroberfläche, wobei eine dünne, festhaftende Schicht eines Polymeren entsteht, welche über weitere Gruppen auch mit der Matrix reagieren kann und so eine feste Verbindung zwischen Faser und Matrix ermöglicht. An den OH-Gruppen auf der Glasoberfläche kann sich jedoch auch Wasser anbinden, das in mehrmolekularer

Schicht leicht verschiebbar ist und besonders die Steifigkeit des Materials herabsetzt. Diese Anlagerung in feuchter Umgebung kann durch Trocknen reversibel entfernt werden.

Haftung von Glasfasern mit Aminosilan und EP-Harz

Die schlüssige Vorstellung von chemischen Bindungen zwischen Faser, Haftvermittler und Matrix wird durch die praktische Erfahrung nur bedingt gestützt. Zum einen ist die Verbesserung der Haftung gegenüber Grenzflächen mit physikalischer Haftung nur unwesentlich verbessert, zum anderen müßte der Einfluß von Wasser auf die Verformbarkeit geringer sein. Möglicherweise findet die Ankupplung an die Faser nur an wenigen Stellen statt.

Auf Kohlenstoffaser-Oberflächen befinden sich eine Reihe von reaktionsfähigen Gruppen, welche eine Vielzahl von Reaktionsmöglichkeiten zwischen Faser und Matrix erlauben. Die tatsächlichen Verbesserungen der Verbundeigenschaften und die Empfindlichkeit gegen Feuchtigkeit, besonders bei höheren Temperaturen, läßt jedoch vermuten, daß die Vorstellungen von kovalenten Bindungen kritisch zu bewerten sind. Am erfolgreichsten scheinen oxidative Behandlungen der Fasern zu sein.

Aramidfasern besitzen eine schlechte Haftung, besonders gegenüber den üblichen Epoxidharzen. Konventionelle Haftvermittler und Oxidbehandlungen der Faser führen nur zu geringfügigen Verbesserungen. Eine Steigerung der Haftfestigkeit ist in letzter Zeit durch eine Plasmabehandlung gelungen. Bei der Verbindung Aramidfasern-Epoxidharz konnte festgestellt werden, daß die Grenzschicht bis zu einer Entfernung von 0,2 µm von der Faseroberfläche andere mechanischen Eigenschaften aufweist als die übrige Matrix. Möglicherweise ist dieses auf den Wassergehalt der Fasern und dessen Einfluß auf die Härtungsreaktion zurückzuführen. Bei der, bedingt durch den kleinen Faserdurchmesser, großen Oberfläche der Fasern darf die Haftung nicht überbewertet werden.

Da die Grenzschicht selbst, besonders in kritischen Bereichen der Faser, hohen mechanischen Belastungen ausgesetzt wird, ist ihr Verformungsverhalten für das Verhalten des Gesamtverbundes von wichtiger Bedeutung. Auch auf diesem Gebiet sind die Fortschritte bisher gering, eine weiche Grenzschicht würde zum Abbau von Spannungskonzentrationen führen. Eine Grenzschicht mit einer Steifigkeit, die zwischen der von Faser und Matrix liegt, würde zu einem sanfteren Steifigkeitsübergang führen. Letzteres Prinzip scheint bisher das erfolgreichere zu sein. Mit sehr dünnen, elastomeren Grenzschichten ist es gelungen, die Bruchzähigkeit und die Neigung zu Delaminationen bei Kohlenstoffaser-Epoxidharzlaminaten zu reduzieren. Bei dickeren Zwischenschichten (> 70 nm) geht der Vorteil jedoch wieder verloren.

Nach wie vor ist ungeklärt, ob eine chemische oder eine physikalische Bindung zwischen Faser und Matrix vorliegt. Dabei ist zu berücksichtigen, daß die geringere Festigkeit physikalischer Bindungen häufig ausreicht. Bei einer Reihe von Anwendungen kann eine geringere Haftung von Vorteil sein, da z.B. bei einer sich lösenden Grenzfläche eine erheblich größere Energieumsetzung erfolgen kann als bei einer guten Haftung, die im allgemeinen zum Faserbruch führt.

4.2 Faserverbundwerkstoffe im Vergleich

Hochleistungsverbunde als Konstruktionswerkstoffe konkurrieren in zunehmendem Maße mit metallischen Werkstoffen. Die Hauptunterschiede ergeben sich aus der Anisotropie bei Belastung in Faserrichtung und quer dazu. In Faserrichtung sind unter Berücksichtigung der Dichte Vorteile gegeben, senkrecht dazu nicht.

UD-Laminat 60 Vol.-% Fasermaterial	Dichte ρ [g/cm³]	Zug-E-Modul $E_\parallel$ [N/mm²]	$E_\perp$ [N/mm²]	Schubmodul $G_{\parallel\perp}$ [N/mm²]	Querkontraktionszahl $\nu_{\perp\parallel}$ [-]	Zugfestigkeit $\sigma_{\parallel zB}$ [N/mm²]	$\sigma_{\perp zB}$	Druckfestigkeit $\sigma_{\parallel dB}$ [N/mm²]	$\sigma_{\perp dB}$	Schubfestigkeit $\tau_{\parallel\perp}$ [N/mm²]
E-Glas	1,94	45 000	12 000	4 400	0,25	1000	34	550	140	40
Aramid	1,3	76 000	5 500	2 100	0,34	1380	28	280	140	55
C-Faser	1,5	132 000	10 300	6 500	0,25	1240	45	830	140	62
Bor	1,86	274 000	15 000	52 000	0,25	1310	34	2500	300	100
Metall	ρ	E		G	ν	σ_{zB}		σ_{dB}		τ
Al 2024-T₃	2,8	72 000		27 000	0,31	460		350		270
St (CrMo) 4130	7,8	210 000		83 000	0,25	650		1100		380

Hochleistungsverbundwerkstoffe im Vergleich zu Metallen

Aus der Auftragung der Zugfestigkeiten unidirektionaler und quasiisotroper Glasfaser-, Aramidfaser- und Kohlenstoffaser-Verbunde über dem Elastizitätsmodul (E-Modul) und den

Vergleich mit hochfesten Metallen ergibt sich, daß auf der Basis der absoluten Steifigkeits- und Festigkeitswerte Hochleistungsverbunde keine klaren Vorteile gegenüber hochfesten metallischen Werkstoffen aufweisen.

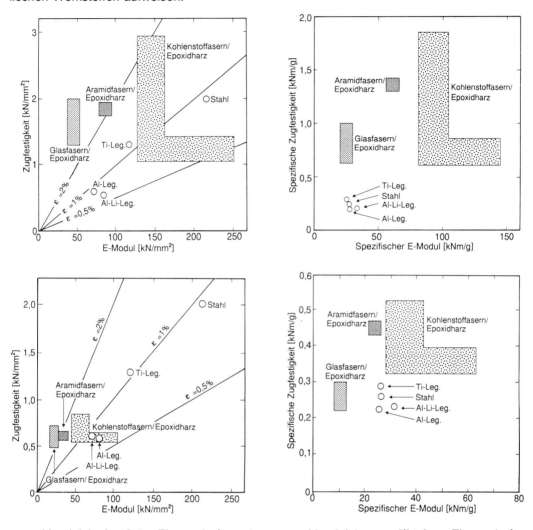

Vergleich **absoluter** Eigenschaftswerte von Hochleistungsverbund-Kunststoffen mit hochfesten Metallen

oben: unidirektionale Hochleistungsverbunde
unten: quasiisotrope Hochleistungsverbunde

Vergleich **spezifischer** Eigenschaftskennwerte polymerer Hochleistungsverbund-Kunststoffe mit hochfesten Metallen

Ausschließlich unidirektionale C-Faser-Verbunde erreichen nur für jeweils eine der beiden Eigenschaften deutlich höhere Festigkeits- und Steifigkeitswerte als hochfester Stahl. Bei quasiisotroper Anordnung (gleiche mechanische Eigenschaften in der Ebene in allen Richtungen) sind hochfester Stahl und hochfeste Titan-Legierungen den Faserverbunden sogar deutlich überlegen, und C-Faser-Verbunde liegen in etwa im Bereich der hochfesten Aluminium-Legierungen.

Anders sieht es bei spezifischen Eigenschaftswerten aus. Dieses "Normalisieren" der Eigenschaften auf die Dichte bedeutet, daß ein Bauteil bei gleicher Beanspruchung gewichtsmäßig um so leichter ausgelegt werden kann, je größer der spezifische Konstruktionskennwert des eingesetzten Werkstoffs ist. Die spezifischen Kennwerte der verschiedenen Werkstoffe zeigen die Überlegenheit von Hochleistungsverbund-Kunststoffen aufgrund ihrer wesentlich geringeren Dichte ganz deutlich, sowohl für unidirektionale als auch für quasiisotrope Verstärkung. Beispielsweise sind selbst bei quasiisotropen Laminaten aus C-Fasern und Epoxidharz spezifische Festigkeits- und E-Modulwerte möglich, die etwa doppelt so hoch sind wie die entsprechenden Werte bei Metallen.

Auch Aramidfaserverbunde erreichen bei etwa gleichen spezifischen Steifigkeiten noch deutlich höhere spezifische Festigkeiten als metallische Werkstoffe. Lediglich quasiisotrope Glasfaserverbunde sind bei vergleichbaren spezifischen Festigkeiten den metallischen Werkstoffen im spezifischen E-Modul unterlegen.

Der im Vergleich zu anderen Hochleistungsverbunden niedrigere Elastizitätsmodul bei unidirektionalen Glafaserverbund-Kunststoffen läßt den Federwerkstoff (z.B. bei Blattfedern im Fahrzeugbau) als besonders interessant erscheinen. Eine hohe elastische Verformung erlaubt eine hohe Energiespeicherung.

Aufgrund dieser Eigenschaftsvergleiche ergeben sich Vorteile für Hochleistungsverbunde bei

- stark richtungsabhängigen Belastungen
- Bauteilen oder Bauteilkomponenten mit besonders geringem Gewicht.

Dies ist besonders in der Luft- und Raumfahrt von Bedeutung, aber auch bei bewegten Komponenten aller Art, bei denen eine Gewichtseinsparung gleichzeitig auch eine Energieeinsparung und somit geringere Betriebskosten mit sich bringt. Ein weiterer besonderer Vorteil ist die hohe Integration verschiedener Bauteilelemente zu einem einzigen Bauteil.

4.3 Mikromechanik - Fasern im Verbund

4.3.1 Die UD-Schicht

Das Grundelement von Hochleistungs-Verbundkunststoffsystemen ist die unidirektionale (UD)-Schicht. Sie ist dadurch gekennzeichnet, daß die von der Matrix umhüllten Fasern geradlinig und parallel zueinander angeordnet sind.

Der höchste Grad an Anisotropie wird im UD-Laminat erzielt, das in Faserrichtung die höchsten, gleichzeitig quer dazu die niedrigsten Festigkeiten und Steifigkeiten aufweist. Dabei liegen die Querzugfestigkeiten in der Regel noch deutlich unter der Festigkeit der unverstärkten Matrix.

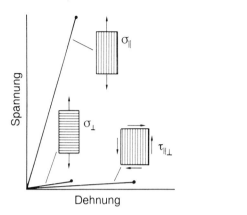 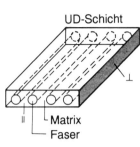

Schematische Darstellung des Spannungs-Dehnungsverhaltens von UD-Laminaten unter den Beanspruchungen $\sigma_\parallel$, $\sigma_\perp$, $\tau_{\parallel\perp}$

Zusätzlich in das Diagramm eingezeichnet ist das Verhalten eines UD-Laminats unter der dritten Grundbeanspruchungsart, der parallel/senkrecht zu den Fasern wirkenden Schubspannungen $\tau_{\parallel\perp}$. Sie treten beispielsweise auf, wenn die Richtung der äußeren Belastung (Normalspannung) von der Richtung parallel und senkrecht zur Faser abweicht.

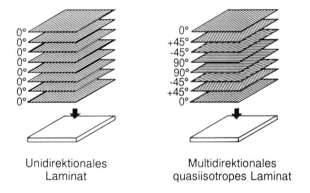

Schematischer Aufbau von Hochleistungs-Faserverbundwerkstoffen

Je nach Fertigungsverfahren und Anforderungen lassen sich solche UD-Schichten unter beliebigen Winkeln übereinander zu einem (Mehrschichten-) Laminat verbinden. Dabei bestimmen die Ausrichtung der einzelnen Lagen zueinander und ihr relativer Anteil an der Gesamtdicke des Laminats den Grad der Anisotropie, was bedeutet, daß das Verhalten des Laminats je nach Beanspruchungsrichtung unterschiedlich ist.

Da in der Regel bei technischen Bauteilen auch die in verschiedenen Richtungen wirkenden Beanspruchungen unterschiedlich sind, eröffnet sich dem Konstrukteur durch geeignete Wahl der Faserorientierung in den einzelnen Lagen die Möglichkeit, die anisotrope Belastbarkeit des Gesamtverbundes auf die richtungsabhängig wirkenden Beanspruchungen abzustimmen. Der auf diese Weise gezielte Einsatz der Anisotropie ist eines der Grundprinzipien der Faserverbundbauweise und ermöglicht eine optimale Werkstoffausnutzung.

Von den beliebig vielen Möglichkeiten eines mehrschichtigen Laminataufbaus sind zwei Extremfälle schematisch dargestellt, das vollständig unidirektionale Laminat und das aus verschiedenen UD-Schichten aufgebaute quasiisotrope Laminat. Sie stellen hinsichtlich der Werkstoffausnutzung praktisch den oberen und unteren Grenzwert für das mechanische Verhalten von Hochleistungsverbunden dar. Durch den multidirektionalen Aufbau erhält man zwar eine in der Ebene winkelunabhängige Festigkeit, die allerdings nur bei etwa einem Drittel des Wertes für das UD-Laminat liegt.

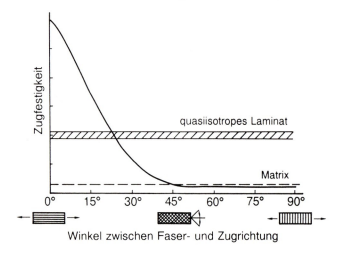

Abhängigkeit der Zugfestigkeit von Winkelverbunden von der Faserorientierung im Vergleich zur Festigkeit quasiisotroper Laminate und zur Matrixfestigkeit

Die starke Abhängigkeit der Zugfestigkeit vom Winkel zwischen Faser- und Beanspuchungsrichtung führt dazu, daß die Festigkeit eines ± 45 °-Winkelverbundes in etwa der Festigkeit des Reinharzes entspricht. Nur bei 50 % der möglichen Winkel ist die Festigkeit des Verbundes, aufgrund der hochfesten Fasern, höher als die der reinen, unverstärkten Matrix. Dieses gilt für schmale Proben, je breiter die Probe wird, umso größer ist die Verstärkungswirkung.

Die Funktion der Matrix beschränkt sich nicht nur darauf, die Fasern in der gewünschten geometrischen Anordnung zu fixieren und bei Druckbeanspruchung gegen Ausknicken abzustützen.

Ganz generell hat die Matrix sowohl eine krafteinleitende (d.h. Einleitung der Kräfte in die Fasern) als auch eine kraftübertragende Funktion, da bei den meisten technischen Anwendungen Mehrschichtenverbunde eingesetzt werden und in den einzelnen Lagen beträchtliche Querzug- und Schubspannungen auftreten können. Erst durch die Kombination der Fasern mit der Polymermatrix entsteht ein Werkstoff, der den in der Regel spröden Fasern, im Hinblick auf die Energieaufnahme beim Bruch und die Empfindlichkeit gegen bereits vorhandene Schäden klar überlegen ist. Zudem schützt die Matrix die Fasern vor der Einwirkung von Umgebungsmedien.

Einfluß der Faser-, Matrix- und Grenzflächeneigenschaften

Belastung in Faserbündelrichtung

Faser

Beim Vergleich der Spannungs-Dehnungs-Kurven eines Glas- und eines Kohlenstoffaser-Laminats bei Belastung in Faserrichtung zeigt sich die erhöhte Festigkeit und Steifigkeit der Kohlenstoffaser. Die sich mit zunehmender Spannung erhöhende Steifigkeit der Kohlenstofffasern ist deutlich erkennbar. Das Glasfaserlaminat zeigt dagegen über einen großen Bereich einen linearen Kurvenverlauf. Gegen Ende sinkt wegen der zunehmenden Brüche einzelner Fasern die Steifigkeit ab.

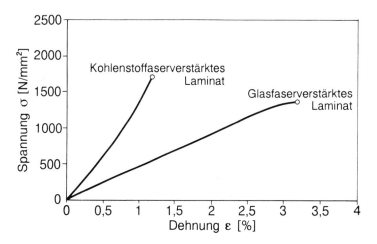

Spannungs-Dehnungs-Kurve bei [0°]-Laminaten. Die Kurve des Kohlenstoffaserlaminats zeigt einen progressiven Verlauf, während die Kurve bei dem Glasfaserlaminat quasi linear ist.

Die Steifigkeit und die Bruchkennwerte werden bei einer Faserorientierung parallel zur Lastrichtung hauptsächlich durch die Faser bestimmt. Der Elastizitätsmodul $E_{\parallel}$ und die Bruchspannung $\sigma_{\parallel B}$ lassen sich mit der Mischungsregel abschätzen:

$$E_{\parallel} = \varphi_F \cdot E_F + \varphi_M \cdot E_M \approx \varphi_F \cdot E_F$$

$$\sigma_{\parallel B} = \varphi_F \cdot \sigma_F + \varphi_M \cdot \sigma_M \approx \varphi_F \cdot \sigma_F$$

wobei φ der Volumenanteil ist. Die Indizes M und F stehen für Matrix und der Faser.

Das Hauptproblem bei der Berechnung der Bruchspannung des Verbundes ist die Streuung der Faserfestigkeiten. Nicht alle Fasern erreichen ihre Bruchfestigkeit zur selben Zeit; die schwächsten Fasern brechen zuerst und induzieren somit zusätzliche Spannungen in den anderen Fasern. So ist z.B. die Bruchkraft eines Rovings (nur Fasern) deutlich geringer als die Summe der Bruchkräfte der Einzelfasern.

Man kann den Unterschied in der Festigkeit auch so erklären, daß die Einspannlänge beim Roving vielfach länger ist als bei der eingebetteten Faser, bei der sie gegen null geht. Je kürzer die Einspannlänge ist, umso höher ist die Faserfestigkeit (3. Paradoxon der Werkstoffe).

Aus der Bruchspannung des Laminats und dem Faservolumengehalt φ_F, läßt sich somit die Faserfestigkeit σ_F im Laminat ermitteln.

Vergleicht man diese Faserfestigkeit im Laminat mit Bruchspannungen gemessen an reinen Faserbündeln, z.B. Rovings, zeigt sich, daß die Faserfestigkeit im Laminat höher ist als die Faserfestigkeit im Roving.

	Faserfestigkeit im Laminat σ_{FL} [N/mm²]	Faserfestigkeit im Roving σ_{FR} [N/mm²]	σ_{FL}/σ_{FR}
Glasfaser	2000	1408	1,42
C-Faser I	2800	1850	1,51
C-Faser II	4180	2320	1,80

Vergleich von Faserfestigkeiten im UD-Laminat und im Roving ohne Matrix

Grenzfläche

Durch die Einbettung der Fasern in der Matrix erhält man eine Erhöhung der Festigkeit. Bricht eine Faser, wird die Last über Schubspannungen an die benachbarten Fasern übertragen und wird zusätzlich von diesen Fasern mit aufgenommen. Die gebrochene Faser fällt somit nur auf einem Teilbereich ihrer Länge für die Lastaufnahme aus. Es ergibt sich ein echter synergischer Effekt. Wie stark dieser Effekt in Erscheinung tritt, ist von der Grenzflächenfestigkeit abhängig. Ist keine Haftung zwischen der Matrix und der Faser vorhanden, kann auch keine Last von einer gebrochenen Faser auf die Nachbarfasern übertragen werden, und die Laminatfestigkeit entspricht der Rovingfestigkeit. Das Verhältnis von Laminatfestigkeit zur Rovingfestigkeit ist somit ≈1. Mit zunehmender Grenzflächen-Schubfestigkeit (Haftung) wird das Verhältnis von

Laminatfestigkeit zur Rovingfestigkeit größer als 1. Es muß berücksichtigt werden, daß die Schlichte/Haftvermittler eine, wenn auch sehr dünne (zehntel μm) Schicht zwischen Faser und Harz darstellt, und somit die mechanischen Verhältnisse beeinflußt.

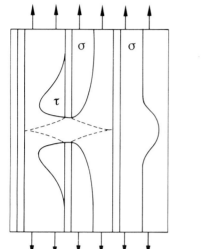
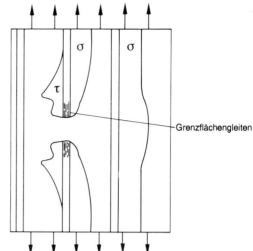

Faserbruch mit Matrixriß und Grenzflächendelamination
τ = Grenzflächen-Schubspannung
σ = Zugspannung in der Faser

Überschreitet die Schubfestigkeit der Grenzfläche einen bestimmten Wert, kommt es bei einem Faserbruch zu Matrixrissen. Dieser Riß kann auf eine Nachbarfaser treffen und durch die Spannungskonzentration an der Rißspitze zum vorzeitigen Versagen dieser Nachbarfaser führen. Es entstehen weitere Matrixrisse, die wiederum benachbarte Fasern schädigen, bis das Laminat versagt. Somit kann eine hohe Schubfestigkeit (Haftung), die zu Rissen in der Matrix führt, die Laminatfestigkeit mindern.

Die Umsetzung mechanischer Energie bei der Delamination zwischen Faser und Matrix ist deutlich größer als die Rißbildungsenergie bei dem Matrixbruch. Hohe Energieaufnahme wird also bei mäßiger Haftung am günstigsten sein. Dieses gilt besonders bei stoßartiger Belastung.

Matrix

Bei UD-Verbunden ist der theoretisch vorhergesagte, signifikante Einfluß der Faserfestigkeit auf die Zugfestigkeit in Faserrichtung deutlich zu erkennen, während es eigentlich keinen Einfluß einer größeren Bruchdehnung der Matrix geben dürfte. In praktischen Versuchen zeigt sich jedoch bei unidirektionalen Laminaten aus Kohlenstoffasern mit einer Bruchdehnung von

1,25 % eine deutliche Verbesserung der Zugfestigkeit bei Verwendung von Matrixmaterial mit einer zunehmenden Bruchdehnung bis 4 %. Danach besteht kein weiterer Einfluß.

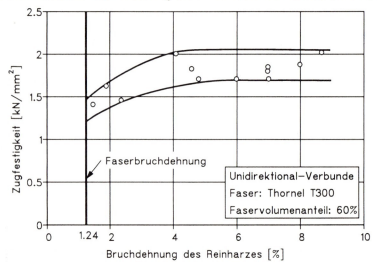

Einfluß der Bruchdehnung des Reinharzes auf die Zugfestigkeit von UD-Laminaten

Es ist zu vermuten, daß diese Festigkeitssteigerung auf die Fähigkeit der Matrix zurückzuführen ist, die bei Einzelfaserbrüchen entstehenden Spannungsspitzen besser abbauen zu können und nicht auf andere Fasern zu übertragen, und damit das Gesamtversagen des Verbundes einzuleiten. So können entsprechend dem 4. Paradoxon der Werkstoffe Komponenten im Verbund mehr Kräfte übernehmen als einzeln für sich.

Druckeigenschaften in Faserrichtung

Die Steifigkeitskennwerte des Druckversuchs sind, wie beim [0°]-Zugversuch, faserdominiert. Für den Elastizitätsmodul gilt die Mischungsregel:

$$E_{\|d} = \varphi_F \cdot E_F + \varphi_M \cdot E_M \approx \varphi_F \cdot E_F$$

Die Drucksteifigkeit $E_{\|d}$ in Faserrichtung hängt vom Faservolumenanteil φ_F und dem E-Modul der Faser E_F ab. Der E-Modul der Matrix E_M hat nur einen geringen Einfluß, da er höchstens 1/20, meist viel weniger beträgt. Deutlicher ist sein Einfluß auf die Festigkeit. Bei Druckbeanspruchung in Faserrichtung werden die Fasern durch die Matrix gestützt. Ab einer bestimmten Belastung versagt die Stützwirkung der Matrix und die Fasern knicken aus, bevor die Druckfestigkeit der Fasern erreicht wird.

Die Wellenlänge beträgt das 10 bis 100-fache des Faserdurchmessers. Bei niedrigen Faservolumengehalten erfolgt das Ausknicken meistens in entgegengesetzter Richtung. Die Matrix zwischen den Fasern wird je nach Wellenlänge mehr oder weniger stark gedehnt bzw.

gestaucht. Dieses ist die kritische Beanspruchung der Matrix. Je mehr Fasern vorhanden sind, um so größer ist der Widerstand gegen diese Art des Dehnungs-Versagens. Die Druckfestigkeit des Verbundes $\sigma_{\|d}$ beträgt:

$$\sigma_{\|d} = 2\varphi_F \left[(\varphi_F \cdot E_M \cdot E_F) / (1 - \varphi_F) \right]^{1/2}$$

Die Bruchspannungen im Druckversuch sind somit nicht nur von der Faserart abhängig, sondern auch im hohen Maße von der Steifigkeit der Matrix.

Bei höherem Fasergehalt erfolgt das Ausknicken gleichsinnig. Die Matrix wird überwiegend auf Schub beansprucht. Damit hängt die Druckfestigkeit des Verbundes $\sigma_{\|d}$ weitgehend vom Schubmodul der Matrix G_M ab:

$$\sigma_{\|d} = \frac{G_M}{1 - \varphi_F}$$

Die Druckfestigkeit ist bei diesem Model nur vom Matrixschubmodul und τcd dem Faservolumengehalt abhängig. Zieht man in Betracht, daß die Matrix ein duktiles Verhalten zeigen kann und fließt, so erhält man mit der Matrixfließspannung σ_F:

$$\sigma_{\|d} = \sqrt{\frac{\varphi_F E_M \sigma_F}{3 (1 - \varphi_F)}}$$

Das Versagen erfolgt bei den zähen, duktilen Matrixsystemen früher als bei den spröderen, vollkommen elastischen Systemen. Die Ursache für dieses Verhalten ist das Versagen der Stützwirkung des Harzes gegen Ausknicken bei Erreichen der Fließgrenze.

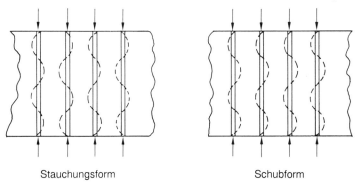

Stauchungsform   Schubform

Analytisches Modell der Druckfestigkeit von Faserverbundwerkstoffen

Kohlenstoff und Aramidfasern sind sehr stark anisotrop mit einer niedrigen achsialen Schubsteifigkeit (in Faserrichtung) $G_{\|F}$. Dieses führt zu einer geringeren Druckfestigkeit:

$$\sigma_{\|d} = \frac{G_M}{1 - \varphi_F (1 - G_M / G_{\|F})}$$

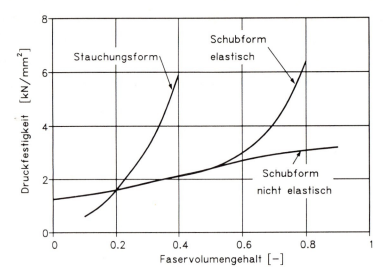

Druckfestigkeit von glasfaserverstärktem Epoxidharz

Die Stützwirkung wird in den Modellen mit dem Schubmodul oder der Fließspannung beschrieben. Deshalb ist die Bruchspannung über dem Schubmodul und über der Fließspannung des Harzes aufgetragen. Die Druckbruchspannung nimmt sowohl mit zunehmendem Schubmodul als auch mit der Fließspannung zu. Die Kennwerte weisen allerdings eine relativ große Streuung auf, was auch mit den versuchstechnischen Schwierigkeiten bei dieser Versuchsart zusammenhängen dürfte.

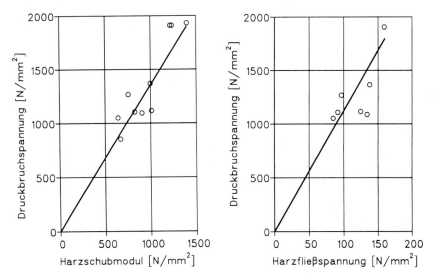

Bruchspannung als Funktion des Schubmoduls und der Fließspannung der Matrix für unidirektionale Kohlenstoffaser-Epoxidharzlaminate

Die Bestimmung der richtigen Druckfestigkeit ist schwierig. Kleine Ungleichheiten in den Probendimensionen oder Fluchtungsfehler verursachen eine exzentrische Belastung, die die

Möglichkeit für Versagen durch geometrische Instabilität bei großen Meßlängen ergibt. Die maximale Druckspannung ist eine Funktion des Längen- zu Dicken-Verhältnisses der Proben für eine nicht gestützte, an beiden Enden eingespannte, unidirektionale Kohlenstoffaser/-Epoxidharz-Probe. Bei großen Meßlängen ist die maximale Spannung klein, da schlanke Proben bei sehr geringer Druckspannung zur Seite ausknicken. Mit kleiner werdenden Längen- zu Dicken-Verhältnissen nähert sich die maximale Spannung der Druckfestigkeit des Verbundwerkstoffs. Bei noch kleineren Längen- zu Dicken-Verhältnissen tritt ein Absinken der Festigkeit aufgrund der Einspannungseffekte auf.

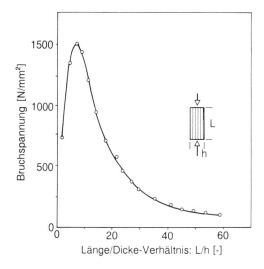

Maximale Druckspannung als Funktion des Längen- zu Dicken-Verhältnisses für eine Kohlenstoffaser/Epoxidharz-Probe

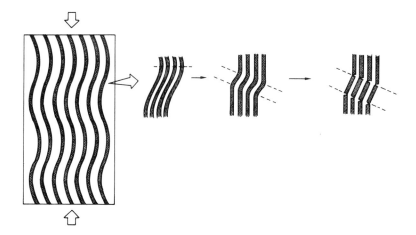

Mechanismus der Knickzonenformation in einem in Faserrichtung belasteten Verbund

Bei Fadenwelligkeit gibt es ein kombiniertes Druck-Biege-Versagen. Eine Fadenwelligkeit, wie sie im Gewebelaminat natürlicherweise vorhanden ist, führt zu einer geringeren Steifigkeit.

Gegenüber dem Elastizitätsmodul vollständig gerade liegender Fasern, z.B. in UD-Schichten, E_{theor}, nimmt der Elastizitätsmodul von Geweben unterschiedlicher Welligkeit (Zunahme der Amplituden) deutlich ab. Die Abnahme der Festigkeit ist demgegenüber gering.

Belastung quer zur Faserbündelrichtung

Die Steifigkeit, die Bruchspannung und -dehnung quer zur Faserrichtung (unter 90 °) werden viel stärker von den Matrixeigenschaften bestimmt als die Eigenschaften längs zur Faser. Da die Fasern steifer sind als die Matrix, ist die Dehnung ε_M in der Matrix höher als die Dehnung des Verbundes $\varepsilon_\perp$. Das Verhältnis der Matrixbruchdehnung zur Verbunddehnung wird als Dehnungsüberhöhungsfaktor f_ε bezeichnet.

$$f_\varepsilon = \frac{\varepsilon_M}{\varepsilon_\perp}$$

Die Dehnungsüberhöhung hängt vom Verhältnis des Matrixmoduls E_M zum Faserquermodul $E_{\perp F}$. Je höher der Faserquermodul ist, desto höher ist die Dehnungsüberhöhung und damit wird die Bruchdehnung des Laminats kleiner, während der Verbundmodul größer wird.

Nimmt man an, daß alle Fasern gleiche Durchmesser und Abstände voneinander haben und gleichmäßig verteilt sind, erhält man für die Dehnungsüberhöhung

$$f_\varepsilon = \frac{1}{1 - m\left(1 - \frac{E_M}{E_{\perp F}}\right)}$$

Der Faktor m ist abhängig von der Form der Verteilung der Fasern in der Matrix.

hexagonale Packung   quadratische Packung   reale Packung

Quadratische, hexagonale und reale Verteilung. Bei der realen Verteilung von C-Fasern in EP-Harz (≈60 Vol.-%) berühren sich die Fasern teilweise

Für eine quadratische Packung ist der Faktor m:

$$m = \frac{2}{\sqrt{\pi}} \sqrt{\varphi_F}$$

mit φ_F = Faservolumenanteil

Für die Berechnung des Verbundmoduls in Faserrichtung kann in guter Näherung die Mischungsregel für Parallelschaltung verwendet werden. Dabei wird angenommen, daß in der Faser und der Matrix die gleichen Dehnungen herrschen. Bei der Berechnung des E-Moduls des Verbundes $E_\perp$ quer zur Faserrichtung geht man in erster Näherung davon aus, daß die Faser und die Matrix hintereinandergeschaltet sind. Aus diesem Modell ergibt sich, daß die Spannungen, nicht aber die Dehnungen, in beiden Komponenten gleich sind. Für den E-Modul des Verbundes erhält man bei diesem Modell:

$$\frac{1}{E_\perp} = \frac{\varphi_F}{E_F} + \frac{1-\varphi_F}{E_M}$$

Der Wert stellt die untere Grenze des Verbund-Elastizitätsmoduls dar und gilt nur näherungsweise, da die reale Spannungsverteilung bei Querbelastung sehr komplex ist. Bedingt durch die geometrische Form der Faser und die E-Modul-Differenz zwischen Faser und Matrix, ergibt sich am Faserscheitel eine Spannungserhöhung, wie sie auf S. 96 ausführlich dargestellt ist. Da diese radial mit dem Abstand von der Faser abnehmende Spannungserhöhung ihren Höchstwert genau in der Grenzfläche aufweist, wo die Haftung zwischen der Faser und der Matrix eine natürliche Schwachstelle darstellt, ist die Festigkeit senkrecht zur Faser beeinträchtigt. Der E-Modul wird nach DIN bei geringen Belastungen gemessen, so daß Spannungsüberhöhungen bei seiner Bestimmung keine Rolle spielen.

Quer-Elastizitätsmodul der Faser

Der Quer-E-Modul der Faser läßt sich nicht direkt an der Faser bestimmen, so daß indirekte Methoden zu seiner Ermittlung herangezogen werden müssen. Der Kohlenstofffaserquermodul kann aus der Dehnungsüberhöhung oder dem Verbund-E-Modul ermittelt werden.

Bildet man das Verhältnis n der Dehnung vom Glasfaser $\varepsilon_{\perp G}$- und Kohlenstofffaserlaminat $\varepsilon_{\perp C}$ bei derselben Matrix quer zur Faser, gilt:

$$n = \frac{\varepsilon_{\perp C}}{\varepsilon_{\perp G}} = \frac{f_{\varepsilon G}}{f_{\varepsilon C}}$$

Aus dem Verhältnis n der Dehnungen läßt sich somit der E-Modul der Kohlenstofffaser bestimmen, wenn der E-Modul der Glasfasern E_G als bekannt vorausgesetzt wird.
Aus den Gleichungen auf S. 88 und 89 ergibt sich der Quer-E-Modul der Kohlenstofffaser:

$$E_{\perp C} = \frac{E_M}{(n-1) \cdot \frac{1}{(m-1)} + n \frac{E_M}{E_G}}$$

Bei einem Glasfaser-E-Modul von 72 000 N/mm² und der Annahme einer quadratischen Packung für m ergibt sich der mittlere E-Modul für eine Kohlenstoffaser, gemessen an drei verschiedenen Epoxidharzlaminaten, zu 13 740 N/mm².

Matrixsystem	n	E_M [N/mm²]	$E_{\perp C}$ [N/mm²]
EP (spröde)	1,96	4.240	14.160
EP (duktil)	2,05	3.100	12.940
EP (duktil)	1,83	2.930	15.120

Berechneter Quer-E-Modul einer Kohlenstoffaser

Rißzähigkeit

Von großem Interesse ist die Rißzähigkeit bzw. der Widerstand gegen Fortschreiten vorhandener Risse oder Schädigungen.

Viel benutzt wird ein technologischer Versuch, bei dem Laminate senkrecht zur Ebene auf Schlag beansprucht werden. Danach wird in Richtung der Ebene eine Probe spanend herausgearbeitet und auf Druck beansprucht (compression after impact test).

Um das eigentliche Materialverhalten besser erfassen zu können, wurden bruchmechanische Untersuchungen durchgeführt, die einen exakteren Hinweis auf die Zähigkeit des Matrixwerkstoffs selbst gaben. Es wurde die interlaminare Rißzähigkeit (Energiefreisetzungsrate) bei Laminaten und die Rißzähigkeit bei Reinharzen gemessen. Dabei wird die Energie gemessen, die erforderlich ist, um einen parallel zu den Verstärkungslagen eingebrachten Riß fortschreiten

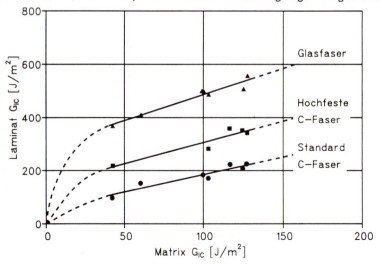

Einfluß der Matrixzähigkeit auf die interlaminare Rißzähigkeit von UD-Verbunden

zu lassen. Ein vergleichbarer Versuch wird bei Reinharzen durchgeführt. Mit zunehmender Matrixzähigkeit ergibt sich ein Anstieg der interlaminaren Rißzähigkeit des Verbundes.

Die Energiefreisetzungsrate G_{Ic} bezeichnet den Energiebetrag, der beim stabilen Rißwachstum pro neugeschaffener Bruchflächeneinheit, freigesetzt wird.

Beim Reinharz wird die Energiefreisetzungsrate G_{Ic} indirekt bestimmt. Zuerst wird der kritische Spannungsintensitätsfaktor an der "Compact Tension" (CT)-Probe ermittelt. Während des Versuchs wird die Zugkraft F und die Kerböffnung ΔV gemessen. Der kritische Spannungsintensitätsfaktor K_{Ic} ergibt sich aus:

$$K_{Ic} = \frac{P}{B \cdot \sqrt{W}} \cdot Y\left(\frac{a}{W}\right)$$

a = Rißlänge; P = Maximalkraft; B = Probendicke; W = Probenbreite; Y = Korrekturfunktion wegen endlicher Probenbreite W

Für die CT-Probe gilt für die Korrektur:

$$Y\left(\frac{a}{W}\right) = \frac{\left(2+\frac{a}{W}\right)}{\left(1-\frac{a}{W}\right)^{1,5}} \cdot \left(0{,}886 + 4{,}64\frac{a}{W} - 13{,}32\left(\frac{a}{W}\right)^2 + 14{,}72\left(\frac{a}{W}\right)^3 - 5{,}6\left(\frac{a}{W}\right)^4\right)$$

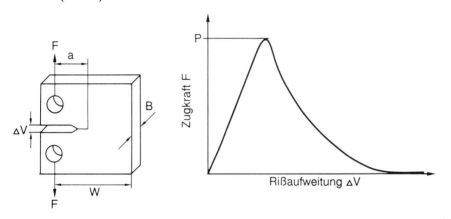

CT-Probe und Kraft-Rißaufweitungs-Verlauf einer CT-Probe zur Bestimmung der Rißzähigkeit von Reinharz

K_{Ic} läßt sich nach der linear-elastischen Bruchmechanik in G_{Ic} umrechnen:

$$G_{Ic} = \frac{K_{Ic}^2}{E_M}$$

Die interlaminare Rißzähigkeit G_{Ic} von UD-Verbunden wird an der "Double Cantilever Beam"(DCB)-Probe ermittelt.

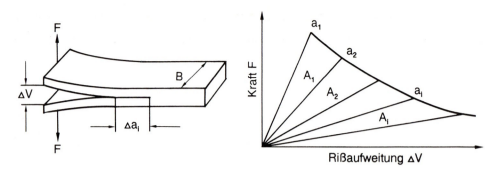

DCB-Probe und Kraft-Rißaufweitungsverlauf einer DCB-Probe zur Bestimmung der interlaminaren Rißzähigkeit eines Laminats

Die Auswertung von G_{Ic} erfolgt nach der Flächen-Methode, die bei Laminaten besser geeignet ist. Aus dem Kraft-Rißaufweitungsdiagramm wird pro Segment i die Arbeit A_i ermittelt und auf die aus der Probenbreite B und Rißfortschrittslänge Δa_i berechnete, neu entstandene, Rißfläche bezogen:

$$G_{Ic} = \frac{A_i}{B \cdot \Delta a_i}$$

Nach dieser Methode lassen sich also mit einer Probe mehrere G_{Ic}-Werte bestimmen.

Thermische Ausdehnung

Während sich Matrix-Material und Glasfasern in alle Richtungen mit der Temperatur ausdehnen, ziehen sich Aramidfasern und C-Fasern in Faserrichtung zusammen, dehnen sich senkrecht zur Faser aber aus.

	Wärmeausdehnungskoeffizient [$10^{-6} K^{-1}$]	
	$\alpha_{\parallel F}$	$\alpha_{\perp F}$
Matrixwerkstoff	70 ... 200	
Glasfaser	4,6	4,6
Kohlenstoffaser	- 0,1 ... - 1,5	10 ÷ 15
Aramidfaser	- 1 ÷ - 4	40 ÷ 60

Wärmeausdehnungskoeffizienten unterschiedlicher Komponenten

In einem UD-Laminat liegt eine Mischung von Fasern und Matrix-Material vor. In Faserrichtung bestimmen die durchlaufenden Fasern je nach ihrem Anteil, inwieweit die Ausdehnung der Matrix behindert wird, und sich sogar eine negative Ausdehnung einstellt. Ist der negative Ausdehnungskoeffizient bei großer Steifigkeit der Faser gering, ergibt sich über einen großen

Faservolumenanteil ein nahezu konstanter Koeffizient, der bei CFK sogar ca. 0 betragen kann, d.h. das Laminat hat keine thermische Ausdehnung. Senkrecht zur Faserrichtung wechseln sich Matrix und Faserbereiche ab. Durch diese Hintereinanderschaltung findet eine weitgehend additive Überlagerung der Ausdehnung statt.

Da der Ausdehnungskoeffizient des Verbundes quer zur Faser immer kleiner ist als der der Matrix, nimmt die Ausdehnung des UD-Laminats quer zur Faserrichtung mit steigendem Fasergehalt ab.

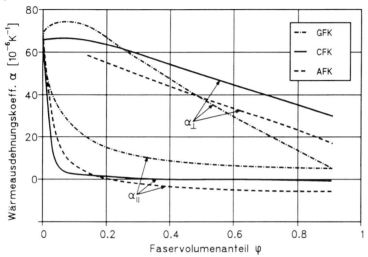

Wärmeausdehnungskoeffizienten von unidirektionalen GFK, CFK und AFK in Abhängigkeit vom Faservolumenanteil

4.3.2 Die einzelne Faser in der Matrix (nach Puck)

Bedingungen für die Verstärkungswirkung

Verstärken ist das Erhöhen der Festigkeit eines Grundwerkstoffs durch Einbetten von Verstärkungsmaterial, dabei müssen:

die Verstärkungsfasern eine höhere Festigkeit

$$\sigma_{FB} > \sigma_{MB}$$

und eine höhere Steifigkeit als die Matrix haben

$$E_F > E_M$$

die Matrix soll nicht vor den Fasern brechen

$$\varepsilon_{MB} > \varepsilon_{FB}$$

Mechanisches Zusammenwirken von Fasern und Matrix

Beanspruchung parallel zur endlosen Faser

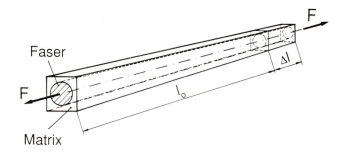

Kräfte:
$$F = F_F + F_M$$
$$\sigma_\| \cdot A = \sigma_F \cdot A_F + \sigma_M \cdot A_M$$

A = Fläche

Geometrie:
$$\frac{\Delta l}{l_0} = \varepsilon_\| = \varepsilon_F = \varepsilon_M$$

Stoffgesetz (einachsig, gilt exakt nur, wenn Querkontraktion gleich $v_F = v_M$):

$$\sigma_F = E_F \cdot \varepsilon_F$$
$$\sigma_M = E_M \cdot \varepsilon_M$$

da $\varepsilon_F = \varepsilon_M$ ist, wird

$$\frac{\sigma_F}{\sigma_M} = \frac{E_F}{E_M}$$

Die Spannungverteilung auf die einzelnen Komponenten entspricht ihrem Steifigkeitsverhältnis. Da das Verhältnis der E-Moduln von Glasfasern ($\approx$ 75 000 N/mm²) und üblichen Kunststoffen ($\approx$ 2 000 - 3 000 N/mm²) ungefähr den Festigkeitsverhältnissen entspricht ($\sigma_{BF} \approx$ 1 500 N/mm²; $\sigma_{BM} \approx$ 40 - 60 N/mm²), sind Glasfasern aus mechanischen Gründen ein ideales Verstärkungsmaterial für Kunststoffe.

Zusammengefaßt:

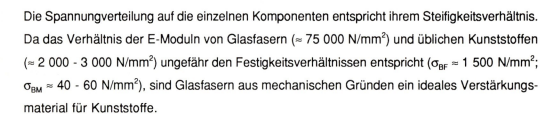

Verbund   Komponenten

$$E_I = E_F \cdot \frac{A_F}{A} + E_M \cdot (1 - \frac{A_F}{A})$$

$$E_I = E_F \cdot \varphi + E_M \cdot (1 - \varphi)$$

Der relative Faservolumenanteil φ mit dem Faservolumen V_F im Verbundkunststoffvolumen beträgt wegen gleicher Länge

$$\varphi = \frac{V_F}{V} = \frac{A_F}{A}$$

der Matrixvolumenanteil

$$1 - \varphi = \frac{V_M}{V} = \frac{A_M}{A} = \frac{A - A_F}{A}$$

In der Praxis läßt sich der Faseranteil leichter als Gewichtsanteil ψ bestimmen[1]

$$\varphi = \frac{1}{1 + \frac{1-\psi}{\psi} \cdot \frac{\rho_F}{\rho_M}}$$

dabei sind ρ_F je nach verwendeter Faser

ρ_{Glas} = 2,60 g/cm³
ρ_{Aramid} = 1,45 g/cm³
$\rho_{C-Faser}$ = 1,80 g/cm³
und ρ_M = Dichte der Matrix

Beanspruchung senkrecht zur Faser

Bei der Beanspruchung senkrecht zur Faser ist zu unterscheiden zwischen den Verhältnissen an der Einzelfaser und den durch den Faserverbund hervorgerufenen Bedingungen.

Auf den Scheitel der einzelnen Fasern wirken verschiedene Einflüsse:

- Haftung zwischen Faser und organischer Matrix (Schwachstelle)
- Lastspannungen
- Störspannungen
- evtl. Eigenspannungen
- durch Dehnungsvergrößerung hervorgerufene zusätzliche Spannungen (wenn mehrere Fasern vorhanden sind)

Unter Einwirkung einer senkrecht zur Faser wirkenden Zugspannung werden Last- und Störspannungen hervorgerufen. Es wird zwischen tangential und radial wirkenden Spannungen unterschieden. Die Bezugsebene für die in polarer Form aufgetragenen Spannungen ist die Faseroberfläche. Unter Zugeinwirkung ergeben sich die größten radial auf die Grenzfläche

---

[1] Bei der Fertigung wird der Anteil der Komponenten gewogen, ebenso bei der Kontrolle durch Veraschen, daher werden gewichtsbezogene Angaben bevorzugt. Bei der Dimensionierung benötigt man die geometrische Angabe des Volumens oder der Fläche, Spannung und E-Modul sind flächenbezogene Größen.

wirkenden Zugspannungen im Faserscheitel in Richtung der einwirkenden Kraft. Im Scheitel erreicht die Radialspannung die Höhe der Lastspannung. Bei der Betrachtung werden nur die für das Versagen am Scheitel kritischen radialen Spannungen berücksichtigt.

Bedingt durch die geometrische Form der Glasfasern und die Unterschiede in den elastischen Kennwerten von Glasfaser und Matrix tritt bei Zugbeanspruchung eine Störspannung auf, die im Faserscheitel einen Wert von $0{,}4 \cdot \sigma_0$ erreichen kann. Diese wird zur Lastspannung dazu addiert.

Eigenspannungen, hervorgerufen durch die Unterschiede in der thermischen Kontraktion bei der Verarbeitung, werden aufgrund der viskoelastischen Kriecheigenschaften bei Thermoplasten im allgemeinen schnell aufgebaut. Bei Duroplasten sind sie bei einer Einzelfaser positiv, da sie den Störspannungen entgegenwirken. Sind jedoch drei Einzelfasern dicht gepackt gelagert, werden die thermischen oder Reaktionsschwindungen dazu führen, daß das Harz von den sich abstützenden Fasern abschwindet.

Bei faserverstärkten Kunststoffen handelt es sich stets um Faserverbunde, so daß die Wirkung verschiedener Fasern unterein-

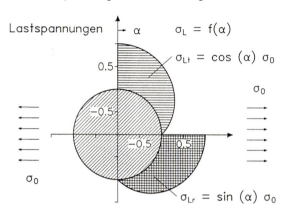

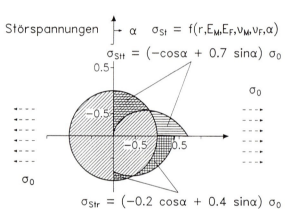

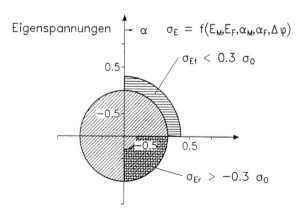

Last-, Stör- und Eigenspannungen rund um eine Glasfaser bei Zugbeanspruchung senkrecht zur Faser

Verbund

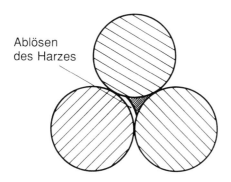

Ablösen der Matrix von der Faser durch Reaktionsschwund, Ablösung im Zwickel

ander berücksichtigt werden muß. Wird eine Element mit hintereinander angeordneten Fasern unter Einwirkung einer Zugspannung verformt, müssen die äußerlich meßbaren Deformationen auch im Inneren des Werkstoffs erfolgen. Die Faser dehnt sich aufgrund des höheren E-Moduls kaum, so daß fast die gesamte Querdehnung von der Matrix erbracht werden muß. Diese lokale Dehnung ist sehr viel größer als die äußere Dehnung. Man spricht von einer Dehnungsvergrößerung. Die Dehnungsvergrößerung der Matrix steigt mit zunehmenden Verhältnis der E-Moduln $E_{\perp F}/E_M$ und dem Faservolumenanteil φ an. Die Überlagerung der Beanspruchung durch die Dehnungsvergrößerung, die Spannungskonzentration und die unterschiedliche Haftfestigkeit führen dazu, daß senkrecht zur Faser nicht einmal die reine Matrixfestigkeit erreicht wird. Bei glasfaserverstärkten Polyesterharzen wurde senkrecht zu den Fasern für den Verbund eine Festigkeit von ca. 0,4 · Harzfestigkeit, bei Epoxidharzen von max. 0,7 · Harzfestigkeit ermittelt.

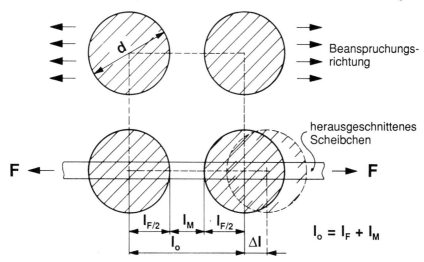

Mehrere Fasern im Verbund querbelastet (Dehnungsvergrößerung)

Im Querverbund ist die auf das Scheibchen wirkende Kraft F gleich der Kraft in Faser F_F und der Kraft in der Matrix F_M:

$$F = F_F = F_M$$

Bei gleicher Querschnittsfläche gilt dieses auch für die entsprechenden Spannungen:

$$\sigma = \sigma_F = \sigma_M$$

Die Dehnung des Scheibchens beträgt:

$$\varepsilon_\perp = \frac{\Delta l}{l_0}$$

Die Verlängerung Δl setzt sich aus der Verlängerung der Matrix l_M und der Querdehnung des Faserelements Δl_F zusammen:

$$\Delta l = \Delta l_M + \Delta l_F$$

mit $\dfrac{\Delta l_M}{l_M} = \varepsilon_M$ und $\dfrac{\Delta l_F}{l_F} = \varepsilon_F$ wird die Verlängerung des Verbundes gleich der Summe

der Verlängerungen der Komponenten:

$$\underset{\text{Verbund}}{\varepsilon_\perp \cdot l_0} = \underset{\text{Komponenten}}{\varepsilon_M \cdot l_M + \varepsilon_F \cdot l_F}$$

Für Dehnungen quer zur Faser ergibt sich:

$$l_F = l_0 - l_M$$

$$\varepsilon_\perp = \varepsilon_M \cdot \frac{l_M}{l_0} + \varepsilon_F \cdot (1 - \frac{l_M}{l_0})$$

Für lineares einachsiges Verformungsverhalten gilt:

$$\varepsilon_F = \frac{\sigma_F}{E_F}; \quad \varepsilon_M = \frac{\sigma_M}{E_M}$$

mit $\sigma = \sigma_M = \sigma_F$ erhält man:

$$\varepsilon_\perp = \varepsilon_M \cdot [\frac{l_M}{l_0} + \frac{E_M}{E_F}(1 - \frac{l_M}{l_0})]$$

und damit den Dehnungsvergrößerungsfaktor:

$$f_\varepsilon \equiv \frac{\varepsilon_M}{\varepsilon_\perp} = \frac{1}{\frac{l_M}{l_0} + \frac{E_M}{E_F}\left(1 - \frac{l_M}{l_0}\right)} > 1$$

Eine Abhängigkeit vom Glasfaservolumenanteil läßt sich über die geometrischen Zusammenhänge ableiten, da

$$l_M = l_0 - d$$

dividiert durch l_0 ergibt sich

$$\frac{l_M}{l_0} = 1 - \frac{d}{l_0}$$

das geometrische Verhältnis der Querschnittsfläche der Fasern zu dem Quadrat (l_0^2) ist der Glasfaservolumenanteil

$$\frac{\pi \cdot d^2}{4 \cdot l_0^2} = \varphi$$

daraus ergibt sich

$$\frac{d}{l_0} = \frac{2}{\sqrt{\pi}} \cdot \sqrt{\varphi}$$

bzw.

$$\frac{l_M}{l_0} = 1 - \frac{2}{\sqrt{\pi}} \cdot \sqrt{\varphi}$$

In die Gleichung für den Dehnungsvergrößerungsfaktor wird für die "quadratische Packung" die Dehnungsvergrößerung:

$$f_\varepsilon = \frac{1}{1 - \frac{2}{\sqrt{\pi}} \cdot \sqrt{\varphi} \cdot \left(1 - \frac{E_M}{E_F}\right)}$$

z. B. für $\varphi = 0{,}6$ und $\frac{E_M}{E_F} = 0{,}05$ wird $f_\varepsilon \approx 6$.

Schubbeanspruchung parallel und senkrecht zu Fasern

Auch bei Schubbelastung liegen die Fasern mit Harzbereichen vorwiegend in "Hintereinanderschaltung", d.h. beide stehen unter der gleichen Spannung:

$$\tau_{\parallel\perp F} = \tau_{\parallel\perp M}$$

für die Verschiebung gilt:

$$\gamma_{\parallel\perp} = \frac{u}{l_0}$$

$$u = \gamma_{\parallel\perp} \cdot l_F + \gamma_{\parallel\perp M} \cdot l_M$$

Die Gleichungen sind analog zu den Gleichungen für Querzug- oder Druckbeanspruchung herzuleiten.

Die Beanspruchung durch $\tau_{\parallel\perp}$ kann also rechnerisch genauso behandelt werden wie die Querbeanspruchung $\sigma_\perp$. An Stelle der E-Moduln E_F und E_M treten die Schubmoduln G_F und G_M. Analog zur Dehnungsvergrößerung wird der Schiebungsvergrößerungsfaktor f_γ:

$$f_\gamma = \frac{1}{1 - \frac{2}{\sqrt{\pi}} \cdot \sqrt{\varphi}\left(1 - \frac{G_M}{G_F}\right)}$$

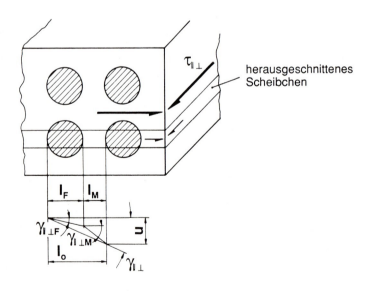

Mehrere Fasern im Verbund auf Schub belastet

5. Verarbeitung

5.1 Verarbeitungskomponenten

Faserverstärkte Kunststoffe bestehen aus Fasern als Verstärkungsmaterialien und Gießharzen bzw. Thermoplasten als Binde- oder Matrixmaterialien.

Der Faserwerkstoff kann zu Filament-Gewebe mit Flächengewichten von

- 80 - 900 g/m^2 bei Glasfaser
- 90 - 700 g/m^2 bei Kohlenstoffaser
- 60 - 220 g/m^2 bei Aramidfaser

verwebt oder zu Rovings zusammengefaßt werden. Aus Rovings kann Rovinggewebe hergestellt werden. Die Flächengewichte dieser Gewebe liegen zwischen 300 - 900 g/m^2. Glasfasermatten, die ein Flächengewicht von etwa 225 - 450 g/m^2 aufweisen, werden ebenfalls aus Rovings hergestellt. Dazu werden diese auf eine Länge von ca. 50 mm geschnittenen Rovings wirr auf einem Förderband abgelegt und mit einem Binder zu einem flächigen Halbzeug fixiert.

5.1.1 Halbzeuge mit duroplastischer Matrix

Als Matrixmaterialien werden hauptsächlich ungesättigte Polyesterharze (UP) und Epoxidharze (EP) eingesetzt.

UP-Harze sind in Styrol gelöst und härten durch die Zugabe von Härtern (Katalysatoren) durch Polymerisation. Die Härter, meist organische Peroxide, aktivieren die Doppelbindungen der Harze. Die freien Bindungen der Moleküle reagieren miteinander, und durch die Ausbildung von Styrolbrücken entsteht ein dreidimensionales Netzwerk. UP-Harze sind umso reaktionsfähiger, je größer der Anteil an polymerisierbaren Doppelbindungen ist, d.h. die Reaktivität und die Vernetzungsdichte läßt sich in weiten Bereichen einstellen. Durch die Menge des zugegebenen Härters kann die Aushärtungsgeschwindigkeit gesteuert werden.

Die Härter sind organische Peroxide und zerfallen erst bei erhöhten Temperaturen in freie Radikale. Bei einer Kalthärtung muß durch Beschleuniger (chemische Initiatoren) der Zerfall der Peroxide und damit der Aushärtungsprozeß eingeleitet werden. Der Beschleuniger setzt die Anspringtemperatur des Peroxids herab und übernimmt quasi die Funktion der Wärme. Den Zeitraum, in welchem der Harzansatz noch verformt bzw. verarbeitet werden kann, nennt man Topfzeit. Mit dem Einsetzen der Härtungsreaktion beginnt der Harzansatz vom flüssigen in einen gelförmigen Zustand überzugehen. Den, bis zu diesem Punkt vergangenen Zeitraum nennt man Gelierzeit (G), die Zeit bis zur stärksten Härtereaktion (Temperaturmaximum) die Härtezeit (H). Den Verlauf der Härtung charakterisieren Temperatur-Zeit-Kurven.

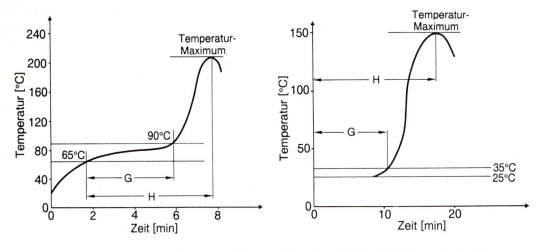

Temperatur-Zeit-Verlauf beim Heißhärten (links) und beim Kalthärten (rechts)
G = Gelierzeit, H = Härtezeit

EP-Harze werden mit Härtern und bei einigen Harzsystemen auch zusätzlich mit Beschleunigern kalt oder heiß ausgehärtet. Bei der Härtung von EP-Harzen handelt es sich um eine Polyaddition, d.h. Harz und Härter müssen in einem genauen stöchiometrischen Verhältnis miteinander vermischt werden. Bei der Dosierung sind nur sehr geringe Toleranzen erlaubt, da durch ein Abweichen vom vorgeschriebenen Mischungsverhältnis die Eigenschaften des ausgehärteten Harzes in jedem Fall verschlechtert werden. Ebenso kann die Aushärtung durch Erhöhung der Härtermenge im Gegensatz zu den UP-Harzen nicht beschleunigt werden. Kalthärtende Epoxidharzsysteme benötigen ca. 24 Stunden zum vollständigen Aushärten, heißhärtende wenige Sekunden bis Minuten. Harze und Härter können in ihrem chemischen Aufbau im weiten Rahmen variiert werden.

Besonders bei kalthärtenden UP- und EP-Systemen kann ein verbesserter Aushärtungsgrad durch eine Nachhärtung erreicht werden. Die Bauteile werden oberhalb der Glasübergangstemperatur getempert, da nur dann eine ausreichende Beweglichkeit der Moleküle besteht. Die Eigenschaften der duroplastischen Matrix, und damit in weiten Bereichen die Laminateigenschaften, hängen in starkem Maße vom Grad der Aushärtung ab. Härtungstemperatur und Härtungsdauer beeinflussen Steifigkeit, Zähigkeit, dynamische und statische Festigkeit, die Glasübergangstemperatur, sowie die Chemikalien- und Alterungsbeständigkeit. EP-Harze eignen sich aufgrund ihrer guten Haftung und geringen Schwindung besonders gut als Vergußmassen und Klebstoffe für vielfältige technische Anwendungen.

Es gibt eine Fülle von Spezialharzen für verschiedene Anwendungen: Standardharze, chemikalienbeständige, temperaturbeständige, zähe und spröde, licht-, wetter- und alterungsbeständige und elektrogeeignete Harze. Die Variationsmöglichkeiten sind sehr groß.

	UP	EP
Verarbeitung	+	-
Haftung	-	++
Schwindung	-	+
mech. Eigenschaften	-	+ (x 1,2)
dynamische Eigenschaften	-	++
Preis	+	- (4 fach)
Anteil der verwendeten Harzsysteme	92%	8% (davon 4% als Matrixsystem, 4% reine Gießharze und Klebstoffe)

Die wichtigsten Unterschiede zwischen UP- und EP-Harzen in der Anwendung

Eine wichtige neue Entwicklung ist die Gruppe der Vinylesterharze, welche im chemischen Aufbau und der Aushärtungsreaktion stark den UP-Harzen, in ihren mechanischen Eigenschaften eher den EP-Harzen ähneln. Vinylesterharze zeichnen sich vor allem durch eine hohe Zähigkeit, erhöhte Wärmeform- und Chemikalienbeständigkeit aus.

Aufgrund der großen Variationsmöglichkeiten und der Kombinierbarkeit verschiedener Harz- und Verstärkungssysteme kann unter dem Begriff FVK kein typisiertes Standardmaterial verstanden werden. Die Festlegung von allgemeinen Kennwerten ist daher kaum möglich.

Prepreg-Herstellung

Für die Herstellung von Formteilen im Preß- und im Autoklav-Verfahren werden in den meisten Fällen vorimprägnierte Verstärkungsmaterialien, sog. Prepregs (**Pre**impregnated Fibres), verwendet. Prepregs bieten den Vorteil, daß der sehr komplexe Tränkungsvorgang der Fasern mit dem Matrixharz vom eigentlichen Formvorgang getrennt durchgeführt wird. Dieser für die Qualität und das Eigenschaftsprofil des späteren Verbundwerkstoffs sehr wichtige Vorgang wird auf einer Prepreganlage unter kontrollierten und reproduzierbaren Bedingungen durchgeführt.

Die Rovings werden von einem Spulengatter abgezogen, in einer Ebene geführt und mittels einstellbarer Kämme parallelisiert. Das so gebildete Faserband wird mit einem silikonisiertem Trägerpapier, auf welches ein Harzfilm aufgetragen ist, zusammengeführt und auf einer beheizten Kalanderwalze unter Druck völlig vom Harz durchtränkt. Das nun mit Harz imprägnierte und beidseitig mit Trägerpapier beschichtete Prepregband wird, um die Aushärtereaktion des Matrixharzes zu stoppen, abgekühlt, beschnitten und auf einer Rolle endlos abgewickelt.

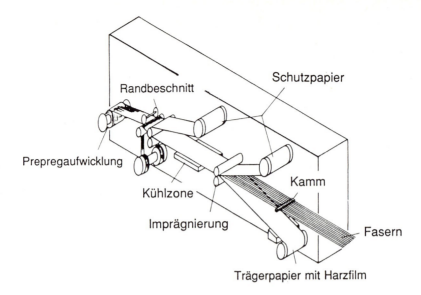

Herstellung von UD-Prepregs

Bei den auf dieser Anlage hergestellten Prepregs liegen alle Fasern endlos parallel zueinander. Man nennt sie daher **U**ni-**D**irektionale Prepregs (UD). Neben UD-Prepregs werden jedoch auch nahezu alle anderen Formen von textilen Geweben und Gelegen als Prepregs angeboten.

Prepregs mit duroplastischer, reaktionsfähiger Matrix müssen bis zu ihrer Verarbeitung in Kühlhäusern bei ca. -20 °C gelagert werden, sie sind dennoch, je nach Reaktivität des verwendeten Matrixharzes, nur maximal 6 Monate lagerfähig.

Etwa 6 Stunden vor der eigentlichen Verarbeitung wird das Prepreg aufgetaut und vorkonfektioniert, d.h. es werden nach bestimmten Schnitt- und Legeplänen Prepregstücke zum Laminieren vorbereitet. Bei Raumtemperatur weisen Prepregs mit duroplastischer Matrix eine leichte Oberflächenklebrigkeit (Tack) auf. Durch leichte Erwärmung (max. 50 °C) kann diese noch verstärkt werden, und die Prepregs lassen sich auch in Zwangslagen (Hinterschneidungen, Überkopfarbeiten) sicher fixieren. Das Fixieren der Prepregzuschnitte geschieht unter leichtem Druck mit Handwalzen oder PTFE-Schabern. Die Aushärtung des Bauteils erfolgt nach dem Aufbringen der beschriebenen Vakuum- und Trennfolien im Autoklav- oder Vakuumsackverfahren, sie kann aber auch in einer hydraulischen Presse mit geheizten Werkzeugen erfolgen. Bei der Serienherstellung von Strukturelementen, wie etwa in der Flugzeugindustrie, wird durch eine teilautomatisierte Fertigung mit NC-gesteuerten Tape-Legemaschinen[*] eine wirtschaftliche und reproduzierbare Fertigung realisiert.

---

[*] Tape: schmales, endloses Prepregband

SMC-Formmassen (Sheet Moulding Compounds)

Vor der eigentlichen SMC-Verarbeitung werden SMC-Formmassen auf einer SMC-Imprägnieranlage aus Vormaterial quasi als Halbzeug hergestellt. In einem Breitschneidwerk werden Endlosrovings auf eine Länge von 20 - 50 mm geschnitten und auf einer mit einem Harz/Füllstoff-Gemisch beschichteten Trägerfolie abgelegt. Die Oberseite wird anschließend mit einer zweiten, auf gleiche Art präparierten Trägerfolie abgedeckt. Nach Durchlaufen einer Verdichtungsgruppe wird das entstandene SMC-Halbzeug aufgewickelt. Nach einer gewissen Reifezeit von 2 bis 4 Wochen, welche primär dem Eindicken durch eingebrachte Füllstoffe dient, kann das SMC verarbeitet werden. Dazu werden aus dem flächigen Halbzeug Zuschnitte, in Wanddicke und Gewicht auf das jeweilige Formteil abgestimmt, herausgetrennt. Diese Zuschnitte werden im Preßwerkzeug zu Paketen abgelegt und verpreßt (näheres S. 114).

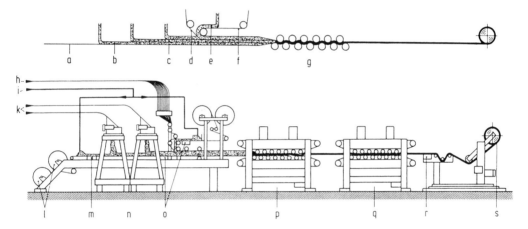

Anlage zur SMC-Herstellung:
a: Endlos-Polyethylen-Folie, b: Harzpaste, c: geschnittene Glasfaser, d: Endlos-Glasfaser, e: Harzpaste, f: Polyethylen-Folie, g: Tränkrollen, Verdichten und Homogenisieren, h: Endlos-Glasfaser, i: UP-Harzpaste, k: Glasrovings für die Schneidwerke, l: Folienrollen, m: Kraftmeßdose, n: Breitschneidwerke, o: Kraftmeßdose, p: Tränkstation 1, q: Tränkstation 2, r: Kraftmeßdose, s: Wickelstation

5.1.2 Halbzeuge mit thermoplastischer Matrix

Während die Tränkung der Verstärkungsfasern mit duroplastischen Matrixsystemen bei der Prepregherstellung aufgrund der niedrigen Harzviskosität problemlos ist, bereitet die Imprägnierung mit thermoplastischen Matrixsystemen aufgrund der hohen Schmelzeviskosität Probleme. In der Praxis werden daher mehrere Wege zur Kontaktierung der Verstärkungsfasern mit dem thermoplastischen Matrixsystem beschritten.

Einige Beispiele sind:

- Imprägnieren mit Polymerlösungen, Polymerpulvern oder Prepolymeren
- Folienpressen
- Schmelzextrusion bzw. -pultrusion
- Fasermischen

Die Imprägnierung mit Polymerlösungen wird z.Zt. nur in Ausnahmefällen angewandt, da nicht für alle Thermoplaste geeignete Lösungsmittel verfügbar sind. Das Kaltmahlen von Polymeren zur Pulverimprägnierung, sowie der Aufbau von Prepolymeren (schwach vernetzt) an den Oberflächen der Verstärkungsfasern sind sehr aufwendige Verfahren, welche sich noch im Entwicklungsstadium befinden.

Bei der Schmelzextrusion/Pultrusion und dem Folienpressen werden die Fasermaterialien direkt von der aufgeschmolzenen Polymermatrix durchdrungen bzw. in eine aufgeschmolzene Thermoplastfolie gepreßt. Nachteilig bei diesen Methoden ist die verminderte Drapierfähigkeit des Prepregs aufgrund der, bei normaler Verarbeitungstemperatur erstarrten Matrix sowie die oft mangelnde Imprägnierung der Verstärkungsfasern.

Eine Möglichkeit, drapierfähige **Thermoplastprepregs** herzustellen, ist die Verwendung von Mischgarnen, sog. Hybridgarnen oder Mischgeweben, sog. Hybridgeweben. Der Begriff Hybrid bedeutet, daß die verwendeten Garne bzw. Gewebe aus einer Mischung von thermoplastischen Fäden und Verstärkungsfasern bestehen. Zur Zeit werden verschiedene Methoden zur Hybridherstellung angewendet. Die wichtigsten sind das Commingling und das Coweaving.
Beim **Commingling** werden Mischfäden, welche aus gesponnenen Thermoplastfäden und Glasfasern bestehen, zu Flächengebilden verwebt. Beim **Coweaving** werden Mischgewebe erzeugt, bei denen z.B. die Kettfäden aus thermoplastischen Fasern und die Schußfäden aus Verstärkungsfasern bestehen.

Die wichtigste Gruppe der Halbzeuge mit thermoplastischer Matrix sind die **glasmattenverstärkten Thermoplaste (GMT)** mit Polypropylen (PP), Polyethylenterephthalat (PET), Polybutylenterephthalat (PBTP), Polyamid (PA) und Polyurethan (PUR) als Matrix.

Die Herstellung des GMT-Halbzeuges erfolgt aus endlos aufgewickelten Rovings, die von Spulen abgezogen als Textilglasfasermatten auf ein Transportband aufgelegt und anschließend genadelt werden oder unter Verwendung von vorher genadelten Endlosfasermatten.

Verarbeitung

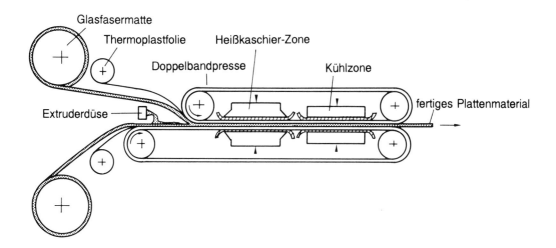

*Herstellung von **G**lasfaser**m**atten-**T**hermoplast (GMT) Halbzeug*

Dadurch sollen

- sich die leicht verschieblichen wellenförmig abgelegten Glasfasern mit beim Nadeln durchgezogene Fasern verfestigen
- die endlosen Fasern verkürzt werden, um die Faserverstärkung fließfähiger zu machen
- die Glasfaserrovings in Einzelfilamente aufgeschlossen werden, um eine Tränkung mit der schmelzflüssigen Matrix zu erleichtern. Sie wird mechanisch in die Glasfaserverstärkung eingedrückt.

Die Aufgaben der Nadelung sind zu einem gewissen Teil widersprüchlich und stellen in ihrer Ausgewogenheit das know-how des GMT-Herstellers dar. Die so als Vorhalbzeug hergestellte Glasfaserverstärkung wird aufgewickelt und in eine Doppelbandpresse (Presse mit umlaufenden Metallband) derart eingegeben, daß zwischen zwei einlaufende Glasfasermatten die über einen Extruder mit Breitschlitzdüse aufbereitete Schmelze zugeführt wird. In einer Doppelbandpresse wird das zusätzlich mit Folien oder Schmelzefilmen abgedeckte Material durch Einwirkung von Druck und Hitze innig verbunden, gekühlt und als plattenförmiges Halbzeug von weniger als 4 mm Dicke aufbereitet.

Das so hergestellte Halbzeug wird entsprechend den Anforderungen des Bauteils ausgestanzt, bzw. zugeschnitten und in einem Umluftwärmeofen oder mit Infrarot-Strahlen erwärmt.Dabei bauscht die Glasfaserverstärkung mit der Matrix zu einem ca. 10 mm dicken Material auf, das anschließend in einer schnell schließenden Presse umgeformt und abgekühlt wird. Im Gegensatz zur Duroplastverarbeitung finden dabei keine chemischen Prozesse statt. Dementsprechend ist die Zykluszeit deutlich kürzer und der Verarbeitungsprozess insgesamt einfacher als bei der SMC-Verarbeitung. GMT unterscheidet sich von verstärkten Duroplasten vor allem durch eine höhere Zähigkeit, geringere Härte und Steifigkeit. Die Oberflächenqualität ist weniger gut. Eine Beschichtung mit Stoffen beim Verpressen ist möglich.

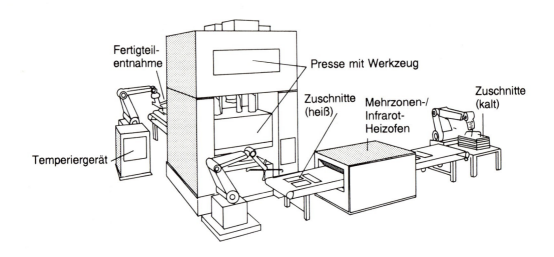

GMT-Bauteil-Fertigung

Bei der Umformung der erwärmten GMT-Zuschnitte im temperierten Werkzeug unterscheidet man das Fließ- und Formpressen.

Beim Fließpressen sind die Zuschnitte kleiner, aber so schwer wie das Fertigteil, damit die ganze Kavität des Werkzeugs gefüllt wird. Dabei kommt es zu Fließvorgängen, die Orientierungen, Anreicherungen und Verarmungen von Glasfasern mit sich bringen. Im Fließpreßverfahren werden Fertigteile hergestellt, die wechselnde Wanddicken und Stege haben, oder in die Metallteile eingebettet wurden.

Beim Formpressen ist der Zuschnitt so groß wie die Abwicklung des Fertigteils. Beim Schließen des Werkzeugs wird er lediglich verdichtet. Fließvorgänge, Orientierungen, Anreicherungen und Verarmungen treten nicht auf. Es eignet sich für Fertigteile, die sehr groß sind und nur geringe, aber gleiche Wanddicken haben.

Die Formteile aus GMT können nachträglich mechanisch bearbeitet werden, wobei allerdings Glasfasern an den Schnittkanten freigelegt werden. Glasfaserfreie Kanten erreicht man in Werkzeugen mit Tauchkanten.

5.2 Verarbeitung von faserverstärkten Reaktions-(Gieß-)harzen

Die Verarbeitung von Fasern und Harzen zu Bauteilen umfaßt das Ansetzen der Reaktionsharzmasse, das Tränken der Verstärkungsfasern, die Formgebung mit anschließender Härtung sowie eine eventuell erforderliche Nachbearbeitung des ausgehärteten Bauteils. Die angewendeten Verarbeitungsverfahren sind vielfältig, sie lassen sich einteilen in:

- manuelle,
- teilautomatisierte,
- vollautomatisierte,
- kontinuierliche und,
- Sonderverfahren.

5.2.1 Manuelle Verfahren

Das **Handlaminierverfahren** ist das einfachste Verarbeitungsverfahren für faserverstärkte Gießharze. Es eignet sich für kleine Stückzahlen und Prototypen sowie zur Herstellung großdimensionierter Bauteile. Die Werkzeuge und die benötigten Verarbeitungshilfsmittel sind einfach und preiswert, allerdings ist das Handlaminierverfahren sehr lohnintensiv. Die Qualität der erzeugten Bauteile hängt stark vom Können und der Erfahrung des Verarbeiters ab. Nach dem Aufbringen eines Trennmittels auf die Werkzeugoberfläche wird eine kalthärtende Feinschicht aufgetragen. Die Dicke dieser Feinschicht, welche auch als Gelcoatschicht bezeichnet wird, beträgt normalerweise 0,3 - 0,6 mm. Sie verhindert das Durchzeichnen der Faserstruktur nach außen, dient gleichzeitig als Schutz des Formteils und kann durch Einfärben zur farblichen Gestaltung der Formteile genutzt werden. Bei besonders hohen Ansprüchen an die Formteiloberfläche empfiehlt es sich, in die noch nicht vollständig gehärtete Feinschicht ein Oberflächenvlies aus Glas- oder Chemiefasern einzulegen. Danach werden nacheinander verarbeitungsfertiges Harz und zugeschnittene Glasfaserverstärkungen auf die Werkzeugoberfläche aufgebracht, wobei mit dem Harzauftrag begonnen wird und die Schichtungen durch Anrollen **Naß-in-Naß** erfolgen.

Der Harzauftrag erfolgt mit Pinseln, Spateln o.ä., er kann auch mit einer Spritzpistole durchgeführt werden. Es ist wichtig, daß die Faserverstärkung - meist verwendet man Glasfasermatten oder Gewebe - intensiv in die zuvor aufgebrachte Harzschicht eingearbeitet wird. Dabei ist das Einbringen von Luftblasen möglichst zu vermeiden, da sich die im Laminat verbleibenden Lufteinschlüsse als Mikrokerben nachteilig auf die mechanischen Eigenschaften von GFK auswirken. Eine vollständige Entgasung ist bei Handlaminaten jedoch kaum möglich.

Dieses Einarbeiten bzw. Verdichten der Glasfaserverstärkung erfolgt mit Pinseln, Riffelwalzen oder Lammfellrollen. Erreichbare Glasfasergehalte liegen bei Mattenverstärkung in der Größenordnung von ca. 35 Vol.-% bei Gewebeverstärkung bis 45 Vol.-%.

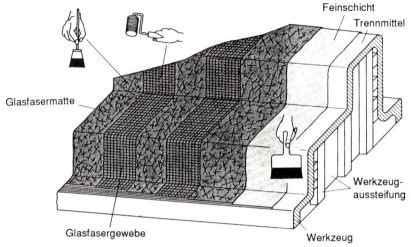

Prinzip des Handlaminier-Verfahrens

5.2.2 Teilautomatisierte/ -mechanisierte Verfahren

Das **Faser-Harz-Spritzen** ist eine teilmechanisierte Form des Handlaminierens. Es ist geeignet für kleine Serien, großflächige Teile und für Beschichtungen. Faser-Harz-Spritz-Geräte spritzen die Werkstoffkomponenten (Harz, Reaktionsmittel, Faserverstärkung) auf die Werkzeugoberfläche. In der Regel befinden sich in einem Behälter Harz und Härter und in einem zweiten Harz und Beschleuniger. Die Rovings werden durch ein Schneidwerk abgezogen und auf

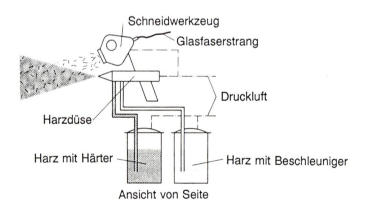

Prinzip des Faser-Harz-Spritzens

Längen von 20 bis 50 mm geschnitten. Durch den Spritzkopf wird sowohl das Harz- bzw. Härter/Beschleuniger-Gemisch als auch die geschnittene Faser mittels Druckluft auf das zuvor mit Trennmittel beschichtete Werkzeug gespritzt.

Das Faserharzspritzen wird wie das Handlaminieren in einteiligen, leichten Werkzeugen vorgenommen. Das Verdichten der aufgespritzten Werkstoffkomponenten erfolgt mit den gleichen Geräten wie beim Handlaminieren. Die Steuerung des Spritzkopfes durch einen Roboter erlaubt eine reproduzierbare Faserverteilung und Dickentoleranz der Bauteile.

Niederdruckverfahren

Aus dem Bestreben, qualitativ hochwertigere Bauteile herzustellen, wurden unterschiedliche Niederdruckpreß-Verfahren entwickelt. Man unterscheidet zwischen dem Vakuumsack-Verfahren, dem Vakuum-Verfahren mit beidseitig fester Form, dem Drucksack-Verfahren, Autoklav-Verfahren sowie einer Reihe von Injektions-Verfahren.

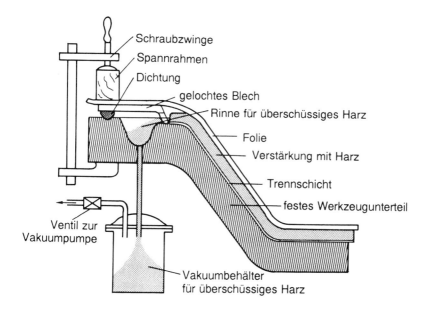

Niederdruck (Vakuum)-Verfahren mit einseitiger Form

Beim **Vakuumsack-Verfahren** wird analog dem Handlaminierverfahren oder Faserspritz-Verfahren ein Laminat in einer einteiligen Werkzeugform aufgebaut. Dann deckt man das Laminat mit einer porösen Trennfolie ab, legt darauf ein grobes Sauggewebe und dichtet schließlich die Form mit einer Vakuumfolie und einer umlaufenden Dichtung ab. Durch einen Vakuumstutzen wird nun die gesamte Form evakuiert. Der atmosphärische Druck bewirkt eine hydrostatische Verdichtung des Laminats. Durch das anliegende Vakuum erreicht man eine weitgehende Entgasung des Laminats. Das überschüssige Harz wird dabei vom eingelegten Sauggewebe oder einer umlaufenden Rinne aufgenommen.

Durch Verwendung einer zweiteiligen Form mit umlaufender Vakuumdichtung lassen sich nach diesem Verfahren auch Teile mit beidseitig glatter Oberfläche herstellen.

Das **Drucksack-Verfahren** ist prinzipiell die umgekehrte Variante des Vakuumsack-Verfahrens. Dazu muß die Werkzeugnegativform mit einem Deckel verschlossen werden, um einen gleichmäßigen Überdruck (bis 8 bar) auf das Laminat wirken zu lassen. Durch die hohe Druckdifferenz läßt sich eine noch wirkungsvollere Verdichtung des Laminats erzielen, allerdings muß das Werkzeug im Vergleich zum Vakuumsack-Verfahren bedeutend stabiler gebaut sein.

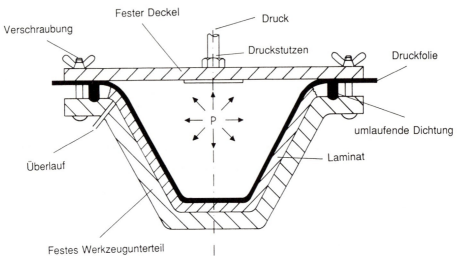

Drucksack-Verfahren mit einteiliger Form

Das **Autoklav-Verfahren** ist im Prinzip eine Verknüpfung des Vakuumsack- mit dem Drucksack-Verfahren. Ein Autoklav ist ein heizbarer Druckkessel, welcher eine exakte und reproduzierbare Steuerung der Temperatur-, Druck- und Vakuumzyklen bei der Konsolidierung und Aushärtung von Verbundwerkstoffen erlaubt.

Die Autoklavtechnik erfordert hohe Grundinvestitionen und erlaubt nur geringe Stückzahlen. Sie ermöglicht dafür die Herstellung qualitativ hochwertiger Bauteile unter reproduzierbaren Fertigungsbedingungen. Die Haupteinsatzbereiche der Autoklavtechnik liegen daher in der Luft- und Raumfahrt. Durch das Aufbringen von Überdruck in einem geschlossenen Kessel wird im Gegensatz zum Drucksack-Verfahren kein Verschlußdeckel benötigt. Die Werkzeugform kann daher aufgrund des allseitig wirkenden, hydrostatischen Drucks relativ leicht ausgeführt sein. Durch die Kombination von Überdruck, Temperatur und zusätzlich ggf. aufgebrachtem Vakuum wird eine besonders effiziente Konsolidierung und Entgasung des Laminats erreicht. Die Aushärtungstemperaturen von duroplastischen Matrixsystemen liegen bei etwa 180 °C, zur Verarbeitung von hochtemperaturbeständigen Systemen sind auch Temperaturen bis zu 500 °C realisierbar. Typische Verarbeitungsdrücke liegen zwischen 2 und 25 bar, die aufgebrachten Vakuumdrücke im Bereich von $2 \cdot 10^{-3}$ bar.

Das Einbringen des Laminats sowie der verschiedenen Trenn-, Saug- und Vakuumfolien in das Werkzeug erfolgt außerhalb des Autoklaven und bedarf mehrerer manueller Arbeitsschritte.

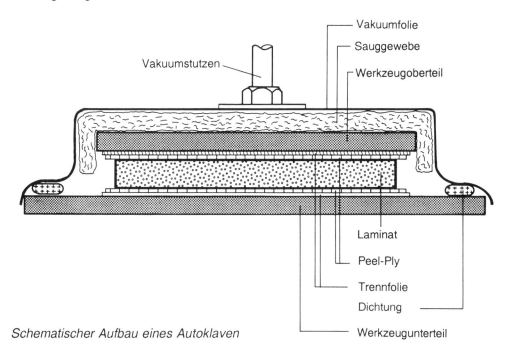

Schematischer Aufbau eines Autoklaven

Um einen gewünschten Faseranteil zu realisieren, werden zwischen das Laminat und die Vakuumfolie Sauggewebe, sog. Bleeder, eingelegt, welche das überschüssige Matrixharz aufnehmen, binden und dadurch ein Verstopfen des Vakuumstutzens verhindern. Der allseitige Druck verhindert größeres Fließen der Matrix, wie es z.B. in Pressen auftritt.

Ein großer Vorteil der Autoklavtechnologie ist die Möglichkeit, auch sehr komplexe Strukturen, wie etwa Flugzeugflügel mit innenliegenden Versteifungsrippen (Stringer), in einem Verarbeitungsgang zu einer Gesamtstruktur auszuhärten. Ein Beispiel für diese Integralbauweise ist das Seitenleitwerk des Airbus A 310 aus Kohlenstoffaser-Epoxidharz (CFK). Auch die modernen Formel-1 Monocoques werden im Autoklav-Verfahren aus CFK hergestellt.

In der Gruppe der Niederdruck-Verfahren werden verschiedene **Injektionsverfahren** angewendet. Das **Resin-Transfer-Moulding (RTM)** ist ein Harzinjektionsverfahren, welches geringe Grundinvestitionen mit sehr guten Formteilqualitäten vereinigt. Es eignet sich zur Fertigung mittlerer Serien im industriellen Maßstab. Bei diesem Verfahren sind technologische Eigenheiten des Preßvorgangs und des Spritzgießens miteinander vereinigt. Zunächst werden die zugeschnittenen Verstärkungsmaterialien in das Werkzeug eingelegt. Dies können alle Arten von textilen Glasfaserprodukten, aber auch Schaumkerne zur Erhöhung der Biegesteifigkeit sein. Die verwendeten zweiteiligen Werkzeuge bestehen meist aus faserverstärkten oder gefüllten Gießharzen, bei großen Stückzahlen oder geheizten Werkzeugen werden auch leicht gebaute Stahlformen eingesetzt. Das Matrixharz wird unter Druck (max. 5 bar) in die geschlossene Werkzeugform injiziert. Das zusätzliche Anlegen eines Vakuums unterstützt die Durchtränkung des Fasermaterials und das Entgasen der Harzmasse. Zur Verringerung der Zykluszeiten und zum Herabsetzen der Harzviskosität bei langen Fließwegen werden auch beheizte Werkzeuge eingesetzt.

Mit diesem Verfahren lassen sich hochwertige Bauteile mit hohem Verstärkungsfaseranteil, guter Reproduzierbarkeit und sehr geringem Luftblasengehalt herstellen. Ein typisches Anwendungsbeispiel für das RTM-Verfahren ist die Herstellung der Front-, Heck-, und Verdeckklappe des BMW Z1-Roadsters.

Ein PUR-Schaumstoffkern zur Erhöhung der Biege- und Beulsteifigkeit wird in einem separaten Schäumwerkzeug hergestellt. Um eine gute Haftung mit dem Harz zu erreichen, werden die fertigen Schaumstoffteile leicht aufgerauht und die glatte Deckschicht entfernt. Anschließend werden die beiden Glasvorformlinge und der Schaumstoffkern in das Injektionswerkzeug eingelegt. In das geschlossene Formgußwerkzeug, das auf ca. 80 - 85 °C temperiert ist, wird das Harz mit einem Injektionsdruck von ca. 3 - 5 bar eingespritzt.

Die Notwendigkeit der Realisierung extrem kurzer Zykluszeiten durch Verwendung hochreaktiver Werkstoffkomponenten führte zur Entwicklung des **Reaction-Injection-Moulding (RIM)** Verfahrens. Bei diesem Verfahren werden die Reaktionskomponenten nicht wie beim RTM-Verfahren in einem Mischbehälter zusammengebracht und anschließend in das Formteil transferiert, sondern erst direkt im Werkzeug zur Reaktion vermischt, also vorher getrennt gelagert und eingespritzt. Vorteile bietet dieses Verfahren in bezug auf die Lagerstabilität der Rohkomponenten sowie durch die erzielbaren extrem kurzen Aushärtungs- bzw. Zykluszeiten (im Bereich 60 sec.). Eine Verfahrensvariante ist das Structural-RIM (S-RIM), bei dem analog zum RTM-Verfahren eine verstärkende Faserstruktur vor dem Einspritzen der Reaktionskomponenten in das Werkzeug eingelegt wird.

5.2.3 Vollautomatisierte Verfahren

Man unterscheidet bei den **Preß-Verfahren** zwischen Kalt-, Warm-, und Naßpressen. Bei den teil- oder vollautomatisierbaren Preß-Verfahren entstehen unmittelbar nach der Aushärtung im Preßwerkzeug fertige Bauteile. Die Nachbehandlung (Entgraten, Glätten, etc.) der Werkstücke wird dadurch stark reduziert oder kann komplett entfallen. Diese Gruppe der Verarbeitungsverfahren erfordert aber im Regelfall hohe Grundinvestitionen für die Pressen, die Werkzeuge und die Peripherie. Stahlwerkzeuge eignen sich für große Stückzahlen.

Beim **Warmpressen** werden ausschließlich hydraulische Pressen und Werkzeuge aus Stahl eingesetzt. Beim Warmpressen wird die Aushärtungsreaktion durch von außen zugeführte Wärme eingeleitet. Die verwendeten Werkzeuge müssen daher elektrisch, durch Thermoöl oder Dampf beheizt werden. Die Verarbeitungstemperaturen liegen bei Verwendung von UP-Harzen bei 30 - 80 °C, bei EP-Harzen zwischen 125 - 200 °C. Man unterscheidet zwischen der Verarbeitung von flüssigen Reaktionsharzen (Naßpressen) und von vorimprägnierten Verstärkungsmaterialien, meist vorimprägnierten Harzmatten, sog. Sheet-Moulding-Compound (**SMC**) oder Preßmassen, Bulk-Moulding-Compound (**BMC**).

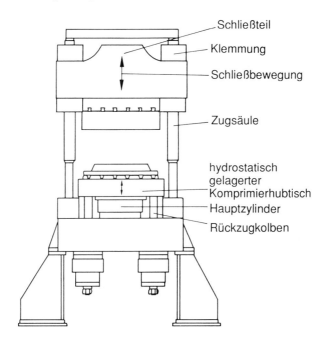

Kurzhubpresse mit Parallelitätsregelung

Zum Verpressen werden u.a. Kurzhubpressen verwendet, bei denen der Stößelhub (Schließteil) und der Preßhub getrennt sind. Nach einem Stößelhub von bis zu 600 mm wird ein Preßhub von 50 mm zurückgelegt. Die geregelte Auspreßgeschwindigkeit beträgt maximal 60 mm/s. Während des Preßhubs wird eine Parallelität von 0,025 mm über die Diagonale (1100 mm) des Pressentisches auch bei exzentrischem Kraftangriff eingehalten. Durch die hochgenaue Parallelitätsregelung werden die Werkzeugtauchkanten geschont und Werkzeugklemmungen vermieden.

Der Arbeitsablauf der Kurzhubpresse unterscheidet sich von der konventionellen Bauform, bei der nur der Stößel die Schließbewegung ausführt. Nach der Abwärtsbewegung des Stößels wird dieser in der unteren Endlage durch eine hydraulische Klemmvorrichtung kraftschlüssig mit den Säulen verspannt. Zu diesem Zeitpunkt erfolgt auch die Parallelitätsregelung des

Hubtisches zum Schließteil. Nach einer Zentrierung durch Führungsprismen erfolgt der eigentliche Preßvorgang.

Bei glasfaserverstärkten Reaktionsharzen wird für Kleinserien das sog. **Naßpressen** angewendet. Dabei wird mit normalen hydraulischen Pressen und zwei- oder mehrteiligen Preßwerkzeugen gearbeitet.

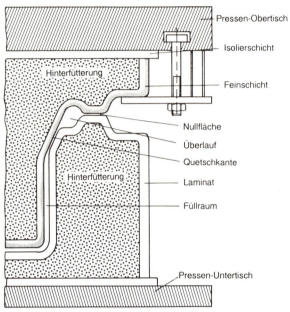

Werkzeugausbildung beim Naßpressen

Beim Naßpressen werden die Verstärkungslagen in das Werkzeug gelegt, das Harz aufgegossen und die Presse geschlossen. Dabei kann man sowohl ohne äußere Wärmezufuhr (**Kaltpressen** bei 30 bis 60 °C) als auch mit Wärmezugabe (**Warmpressen** bei 80 bis 150 °C) arbeiten. Die Werkzeuginnendrücke beim Naßpressen liegen etwa zwischen 0,2 und 2,5 N/mm². Um das Einbringen der Verstärkungsmaterialien in das Preßwerkzeug zu erleichtern und zu verkürzen, werden häufig sog. Vorformlinge verwendet.

Vorformlinge werden aus Glasfaserschnitzeln oder -matten, die durch geeignete Bindemittel fixiert werden, auf Vorformanlagen hergestellt. Mit ihrer Hilfe lassen sich gleichmäßige Faserverteilungen bei sphärisch gekrümmten Teilen ohne Verschnitt erzielen. Beim Naßpressen ist darauf zu achten, daß die Verstärkungselemente genau zugeschnitten werden (entfällt bei Vorformlingen) und das flüssige Harz so auf den Verstärkungselementen verteilt wird, daß es beim Schließen der Presse in alle Teile des Werkzeughohlraums fließen kann.

Das Kaltpressen eignet sich insbesondere für Harzsysteme mit sehr kurzen Gelier- und Aushärtungszeiten sowie starkem exothermen Reaktionsverlauf. Die Preßzeiten sind von der

Reaktivität des Harzes, den Reaktionsmitteln und der Wanddicke abhängig. Die typischen Verarbeitungsdrücke liegen beim Kaltpressen zwischen 3 bis 10 bar. Aufgrund der relativ geringen spezifischen Drücke und der geringen Verarbeitungstemperaturen (max. 60 °C) bestehen die beim Kaltpressen eingesetzten Werkzeuge meist aus gefüllten Gießharzen (beim Warmpressen dagegen aus Stahl). Das Kaltpressen wird daher bevorzugt eingesetzt, wenn aufgrund geringer avisierter Stückzahlen keine hohen Werkzeuginvestitionen gemacht werden können oder orientierende Voruntersuchungen durchgeführt werden sollen.

SMC (Sheet Moulding Compound)

SMC ist eine flächenförmige Reaktionsharzmasse, die im Preßverfahren verarbeitet wird. Es ist ein Werkstoffsystem, welches je nach den speziellen Erfordernissen durch gezielte Wahl der Komponenten eingestellt werden kann. Hierdurch ergibt sich ein weites Einsatzspektrum, in Deutschland allein ca. 70 000 t/a. Das sind mehr als 50 % aller verstärkten duroplastischen Gießharze.

Neben den UP-Harzen werden auch Vinylesterharze mit besonders guten mechanischen Eigenschaften für stoßartige und dynamische Beanspruchung verwendet. Durch spezielle Zusätze, LS-(Low Shrink) und LP-(Low Profile) Additive können qualitativ gute Formteiloberflächen und maßhaltige Formteile erzeugt werden.

Teigige, zum Spritzen und Transferpressen geeignete Formmassen werden i.a. als BMC-(Bulk Moulding Compound) bezeichnet. Beim Verpressen von SMC entstehen Formteile mit deutlich besseren mechanischen Eigenschaften als beim Pressen oder Spritzen von BMC. Die gut automatisierbare Herstellung von Formteilen im Spritzverfahren ist nach dem heutigen Stand noch teurer als beim Verpressen.

Werkstoff

SMC ist aus einer Reihe von Komponenten aufgebaut, die eine Vielzahl von Variationen erlauben.

Ungesättigte Polyesterharze härten durch radikalische Polymerisation. Die hiermit verbundene chemische Reaktionsschwindung und die thermische Schwindung infolge der Abkühlung führen bei Standardformulierungen zu einem Volumenschwund von 6 bis 9 %. Mit solchen Standardharzen hergestellte SMC-Formartikel weisen wegen Schwindungshinderung durch die eingelagerten Glasfasern, Füllstoffpartikel und Schwundkompensatoren eine Verarbeitungsschwindung von ca. 0,3 % auf. Zu starke Volumenschwindung bedingt Eigenspannungen (Verzug des Formteils), Schrumpfrisse und Lunker im Formteil, die die Gebrauchstüchtigkeit der Teile erheblich herabsetzen können. Ferner können "Sinkmarken" über Verstärkungsrippen entstehen oder es werden Faserstrukturen auf der Formteiloberfläche sichtbar, die zur Verschlechterung der Oberflächenqualität führen. Als Schwundkompensatoren werden spezielle thermoplastische Additive (Schwundkompensatoren) als LS-(Low Shrink)- und LP-(Low Profile)-Additive unterschieden.

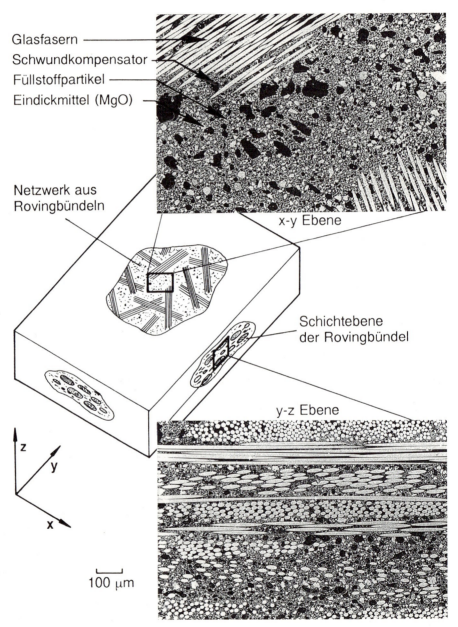

Struktureller Aufbau von SMC

Harz- und Zusatzstoffe	GewTeile
UP-Harz	100
Styrol	10
Härter	1
Inhibitor	je nach Reaktivität und Fließzeit
Farbpigmente	je nach Färbung
Füllstoffe	80 bis 210
Gleitmittel	10
Trennmittel	5
Eindickungsmittel (MgO)	1,5
Schwundkompensator	20-40

Typische SMC-Formulierung

SMC-Qualität	Härtungsschwindung [%]
Standard SMC (SMC)	0,15 bis 0,3
Low-Shrink SMC (LS-SMC)	0,06 bis 0,14
Low Profile SMC (LP-SMC)	0,04 bis +0,04

Härtungsschwindung bei verschiedenen Schwundkompensatoren (incl. thermische Schwindung)

Standard-SMC wird dort eingesetzt, wo der Oberflächenqualität geringe Bedeutung gegenüber den mechanischen und physikalischen Eigenschaften zugemessen wird. Verschiedenste Einfärbungen sind möglich. LS-SMC haben gegenüber Standardharzen eine reduzierte Schwindung, die sich positiv auf die Formteilgenauigkeit, den Verzug und die Oberflächenqualität und nachteilig auf die Enformbarkeit auswirkt. LP-UP-Harze besitzen keine Schwindung oder weisen sogar eine Volumenvergrößerung auf. Die Harze sind wegen des bei der Härtung eintretenden Weißeffektes nicht gleichmäßig einfärbbar. Die Formteile werden spritzlackiert.

Zur Schwundkompensation werden dem Harzsystem ca. 10 bis 40 Gew.-% eines in Stryrol gelösten Thermoplasten zugegeben. Ist die styrolische Lösung des Thermoplasten und des UP-Harzes unverträglich, d.h. zweiphasig, ergibt sich ein LS-System. Bei LP-Systemen liegt demgegenüber ein verträgliches, d.h. einphasiges System vor.

Bei einer LS-Formulierung wird in monomerem Styrol polymeres Polystyrol gelöst und im UP-Harz zu feinverteilten Polystyrol-Tröpfchen dispergiert. Voraussetzung für eine stabile Dispersion ist eine deutliche Erhöhung der Viskosität (Erhöhung des Füllstoffanteils). Während der Härtung unter Temperatur und Druck reagieren UP-Harz und Styrol miteinander. Bedingt durch den Schwund des UP-Harzes vergrößern sich Thermoplastbereiche zwangsweise, so daß es zur Hohlraumbildung kommt. In diese Hohlräume verdampft Styrol aus der UP-Matrix.

Bei einer LP-Formulierung wird thermoplastischer Polyester in Styrol gelöst. Hierbei kommt es infolge einer Phasenseparation in der Nähe des Gelpunktes zu einer leichten Trübung. Die

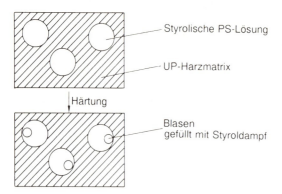

Hohlkugelstruktur bei LS-Formulierung, nach dem Dispergieren und nach der Härtung

schrumpfende Duroplastphase bewirkt eine Hohlraumbildung in der nachgiebigen Thermoplastphase. Diese bewirkt eine starke Lichtstreuung, die zu einem scheinbar weißen Formstoff führt. Morphologisch entsteht eine Perlstruktur. Die Duro- und Thermoplastphase sind kontinuierlich. Die Duroplastphase besteht dabei aus zusammenhängenden Perlen.

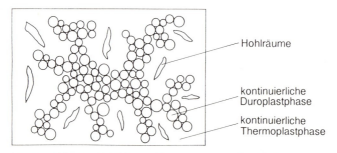

Perlstruktur bei LP-Formulierung, nach der Härtung

Aufbereitung des SMC

Der Harzansatz wird zunächst ohne Glasfasern, meist durch chargenweises Mischen der Rohstoffkomponenten hergestellt.

Als Mischwerkzeuge werden Dissolver und Turbulenzmischer eingesetzt. Dem Harzansatz wird kontinuierlich das Eindickmittel zudosiert. Die Vermischung erfolgt entweder in einem Statikmischer oder einem dynamisch arbeitenden Mischsystem. Kontinuierliche Mischverfahren werden für solche Produktionen mit einer oder einigen wenigen SMC-Formulierungen eingesetzt.

Als Verstärkungsfasern kommen meist regellos liegende Glasfasern mit 25 bis 50 mm Länge zum Einsatz. Das Ausgangsprodukt sind Textilglasrovings mit Elementarfaserdurchmessern von ca. 14 µm. Große Faserlängen erhöhen den Fließwiderstand und verstärken die Neigung zu Orientierungen.

Je nach vorgegebener Faserstruktur unterscheidet man:

- SMC-R
  (R = random = regellos), unorientiert liegende geschnittene Glasfasern, Länge ca. 25 bis 50 mm oder Mischungen daraus.
- SMC-C
  (C = continuous = endlos gerichtet), unorientiert liegende geschnittene Glasfasern und endlos gerichtete Glasfaserstränge mit anisotroper Faserstruktur.
- SMC-D
  (D = directed = gerichtet), unorientiert liegende geschnittene Glasfasern und orientiert liegende Glasfasern, Länge 75 bis 200 mm mit anisotroper Faserstruktur.

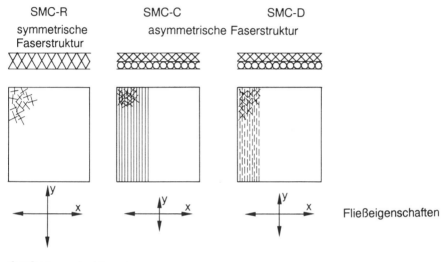

SMC-Faserstrukturen

Das am meisten verwendete SMC-R läßt sich wegen seiner gleichmäßigen Fließeigenschaften im Vergleich zu den anderen Sorten am einfachsten verarbeiten. Die mechanischen Eigenschaften sind allerdings bei den anderen Modifikationen richtungsabhängig. Die schlechter fließenden SMC-C und SMC-D werden vorwiegend für trägerartige, festere Bauteile verwendet. Anstelle von geschnittenen Glasfaserrovings können auch die etwas teureren Glasfasermatten verwendet werden.

Die Glasfaserrovings werden auf einem Breitschneidwerk geschnitten. Hierbei wird der Roving über Führungsrollen und eine Spannvorrichtung den Schneidmessern zugeführt. Wichtig ist dabei, daß der Roving mit einer Spannrolle auf eine Gummiwalze gedrückt und mit einer Messerwalze durch scharfes Biegen der Faser anschließend gebrochen wird.

Die geschnittenen Textilglasrovings fallen in flächig regelloser Anordnung auf eine mit definierter Harzschicht versehene ca. 0,05 mm dicke Polyethylen-Trägerfolie. Die Harzschichtdicke wird durch höhenverstellbare Abstreifmesser erzielt. Eine zweite, mit Harz versehene Folie, deckt die Glasfasern ab. In der Imprägnierstrecke, dem Verdichtungsteil der SMC-Anlage, wird

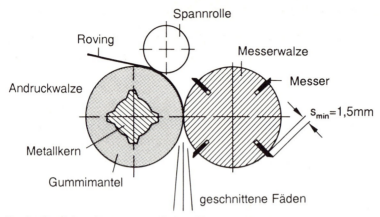

Breitschneidwerkzeug zum Schneiden von Rovings

die Harzpaste zwischen die Glasfasern gedrückt, um diese möglichst gut zu benetzen. Eine gleichmäßige Benetzung ist von größter Bedeutung für die Qualität des Preßteils.

Nach dem Imprägniervorgang wird das SMC zu ca. 180 kg schweren Rollen aufgerollt und mit einer styrolundurchlässigen Folie abgedeckt. Die verpackten SMC-Rollen werden bei konstanter Temperatur, je nach der Rezeptur, 1 bis 7 Tage gelagert. Während dieser "Reifezeit" dickt das UP-Harz ein. Die Viskosität erhöht sich aufgrund einer Reaktion des Eindickungsmittels MgO mit dem Polyesterharz von ca. 100 bis 200 mPa·s auf mindestens $20 \cdot 10^6$ mPa·s. Die Eindickungsreaktion basiert auf einer Kettenverlängerung des ungesättigten Polyesters. Nach der "Reifung" besitzt die nun verarbeitungsfertige Formmasse eine lederartige, gut verarbeitbare Konsistenz. Je nach Rezeptur kann die Formmasse bis zu sechs Monaten bei Raumtemperatur gelagert werden.

Verarbeitung von SMC

SMC wird vorwiegend auf hydraulischen Pressen in beheizten Stahlwerkzeugen zu Formteilen verarbeitet. Die Preßdrücke liegen je nach Formulierung und formteilbedingten Fließwegen bei 30 bis 140 bar. Hoher Füllstoff- oder Glasfaseranteil erfordert hohe Preßdrücke, ebenso große Rippen oder Seitenwände.

Vor dem Einlegen in die Preßform werden einzelne rechteckige SMC-Zuschnitte (Platinen) maschinell mit einem Cutter oder manuell hergestellt. Je nach den gewünschten Fließvorgängen werden 30 bis 70 % der projezierten Werkzeugfläche bedeckt, wobei auch mehrere Platinen übereinandergelegt werden können. Die Menge ergibt sich aus dem Formteilgewicht plus Zugabe für den Preßgrat. Die Fließfront im Werkzeug kann etwa vorausgesagt werden, so daß Schwachstellen wie Bindenähte vermieden werden können. Die Werkzeugtemperaturen betragen, je nach Formulierung, 130 bis 160 °C.

Die Verformungsgeschwindigkeit muß so eingestellt werden, daß die Glasfasern durch zu hohe Fließgeschwindigkeiten nicht zerstört werden. Die Viskosität der Formmasse wird so eingestellt, daß ein gleichzeitiges Fließen der Harzmasse und der Glasfasern eintritt. Übliche Viskositäten liegen bei $20 \cdot 10^6$ bis $70 \cdot 10^6$ mPa·s. Nachdem der Formhohlraum gefüllt ist, wirkt der volle Preßdruck. Dieser Druck wird solange aufrechterhalten, bis die Härtungsreaktion abgeschlossen ist. Durch Druckaufnehmer im Mitten- und Randbereich kann der Härtungsverlauf im Preßwerkzeug überwacht werden. An der Fließfront ist die Temperatur höher als im Einlegebereich. Die geringe Wärmeleitfähigkeit der Preßmasse verhindert ein schnelles Abführen der Reaktionswärme an das Werkzeug. Folge davon ist eine zeitliche Differenz der Härtungsreaktion, die zunächst in den Randbereichen und später in der Formteilmitte erfolgt. Dieser Effekt ist umso stärker, je dickwandiger die Formteile sind. Nach üblichen Härtungszeiten von 1 bis 4 Minuten wird die Presse automatisch aufgefahren.

Die Temperaturkurve zeigt zu Beginn das Aufheizen der Formmassen, das durch Wärmeleitung zwischen Werkzeug und Formmasse zustande kommt. Nach Überschreiten der Anspringtemperatur des Härters bei t_{wp} steigt mit zunehmender Temperatur die Zerfallsgeschwindigkeit des Härters an. Die hierdurch ausgelöste radikalische Copolymerisation des Polyesters mit Styrol ist ein exothermer Vorgang. Die beschleunigte Temperaturerhöhung äußert sich in einem Wendepunkt t_{wp} der Temperaturkurve oder auch Gelierpunkt bezeichnet. An diesem Punkt sollten alle Verformungs- und Fließvorgänge beendet sein. Mit Erreichen des Maximums der Temperaturkurve wird ein Aushärtegrad von ca. 95 % erreicht. Durch Art und Menge des Katalysators oder des Inhibitors kann die Härtungsgeschwindigkeit und damit die Fließzeit eingestellt werden.

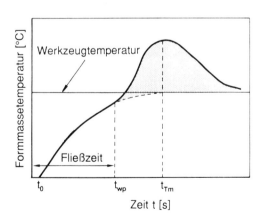 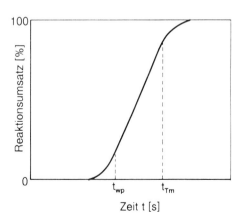

Exotherme Härtungsreaktion des UP-Harzes
t_{wp} = Wendepunkt (Gelierpunkt)
t_{Tm} = Temperaturmaximum (Peak exotherm)

Beim Pressen muß die unterschiedliche Erwärmung werkzeugoberflächennaher- oder plattenweiter SMC-Lagen beachtet werden, da diese aufgrund der unterschiedlichen Temperatur auch ein stark abweichendes Fließverhalten, z.B. bei der Glasfaserorientierung, zeigen. Zur Vermeidung der beschriebenen Effekte wird eine kurze Schließzeit des Werkzeugs angestrebt, die sich durch Vorwärmung der Lagen noch verringern läßt. Weitere Vorteile der Vorwärmung sind:

- erhöhte Zug- und interlaminare Scherfestigkeit
- dickere Formteile können hergestellt werden
- Reduzierung der Härtezeit

Bislang hat die Vorwärmung aus Kostengründen allerdings keine Bedeutung erlangt. Zunehmende Anforderungen an die mechanischen Eigenschaften und die Produktionsgeschwindigkeit machen sie jedoch wahrscheinlich.

Auf die Qualität des SMC-Formteils haben die Rezepturkomponenten einen großen Einfluß. Der Fasergehalt, die Struktur des Textilglases, die Faserlänge, die Feinheit des Spinnfadens sowie die Art und Löslichkeit der Glasfaserschlichte beeinflussen die Werkstoffkennwerte. Mineralische Füllstoffe bewirken

- Verbilligung
- Verringerung der Schwindung
- glatte, harte und damit gut lackierfähige Oberflächen
- Verbesserung des Fließvermögens im Preßwerkzeug.

Das Harz sichert als Matrix die Verbindung der Rezepturkomponenten.

Werkzeuge

Die zur Verarbeitung verwendeten, beheizten Stahlwerkzeuge werden zur besseren Entformbarkeit und wegen einer hohen Oberflächengüte des Formteils fein poliert und hartverchromt. Zum Druckaufbau während des Aushärtens werden Tauchkantenwerkzeuge verwendet. Die Beheizung des Werkzeuges erfolgt elektrisch mit Öl, Wasser oder Dampf. Am weitesten verbreitet sind Dampf- und Ölheizung, da sie eine gleichmäßige und kostengünstige Beheizung ermöglichen. Zur besseren Entformbarkeit der Formteile dienen mechanische Auswerfer oder Druckluft.

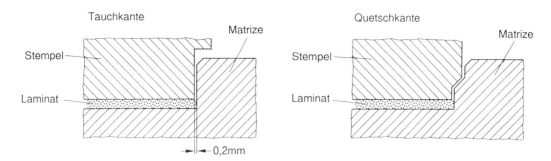

Tauch- und Quetschkante eines Preßwerkzeuges

Lackieren von SMC-Formteilen

SMC-Formteile sind lackierbar. Hierfür müssen sie grundiert und decklackiert werden. Lufteinschlüsse, die direkt an der Oberfläche oder kurz unter der Oberfläche des SMC-Formteils liegen, können zu unebenen Oberflächen (Poren und Krater) führen, die durch eine spezielle Beschichtung verschlossen werden. Hierbei handelt es sich um die In-Mould-Coating (IMC)-Beschichtung, bei der Lack in einem zweiten Preßzyklus im gleichen Werkzeug auf das Formteil aufgebracht wird. Das Werkzeug wird nach dem Pressen leicht geöffnet, der Lack eingespritzt und das Werkzeug wieder geschlossen. Hierdurch können Oberflächen hoher Qualität, wie sie im Automobilbereich verlangt werden, erzielt werden.

Formteilgestaltung

Da die Formteilgestaltung einen großen Einfluß auf die Formteilqualität hat, ist ihr besondere Aufmerksamkeit zu widmen. So sollen Entformungsschrägen beispielsweise einen Winkel über 1° haben. Zur Vermeidung von Verzug der Wandungen können Verdickungen der Formteilränder vorgesehen werden. Hierbei sind auch Nuten zur Aufnahme von Dichtungsprofilen möglich. Eine minimale Wanddicke des Formteils von 1,5 mm soll nicht unterschritten werden. Durch eine gleichmäßige Wandstärke des Formteils wird eine gleichmäßige Abkühlung des Formteils nach dem Preßvorgang gewährleistet. Gewindestifte oder Gewindeeinsätze können direkt mit eingepreßt oder nachträglich eingebracht werden. Gestaltungsmerkmale sind auf S. 155 zusammengestellt.

Anwendungen

SMC-Formteile sind aufgrund ihrer guten mechanischen Eigenschaften und des relativ günstigen Preises die am meisten eingesetzten duroplastischen Faserverbundkunststoffe. SMC besitzt ein bei vergleichsweise hoher Zug-, Biege- und Schlagfestigkeit gute Durchschlags-, Kriechstrom- und Lichtbogenfestigkeiten und dielektrische Eigenschaften. Wichtige Einsatzfelder sind Kabelverteilerkästen und Langfeldleuchtengehäuse mit hoher Temperaturbeständigkeit (nicht schmelzbar) und geringer Feuchteaufnahme. Im PKW- und Nutzfahrzeugbereich hat sich SMC einen weiten Anwendungsbereich erobert. Insbesondere Außenteile ermöglichen eine kostengünstige, gestaltungsfreie und korrosionsfreie Alternative zu üblichen tiefgezogenen Blechen. Die Oberflächenhärte und Lackierbarkeit der SMC ist fast allen Thermoplasten überlegen. Problematisch ist das relativ spröde Bruchverhalten.

Spritzen von UP-GF (ZMC)

Im Gegensatz zum Verpressen von SMC und BMC, deren Besonderheiten überwiegend in der Art der Formmasse liegen (SMC: flächige Formmasse, BMC: faserhaltige Kompaktformmasse), handelt es sich bei ZMC um ein System, bei dem eine spezielle faserhaltige Formmasse auf einer neu konzipierten Spritzgießmaschine unter besonderer Beachtung des Angußsystems, der Werkzeugkonzeption und der Temperaturführung verarbeitet wird.

Unter ZMC ist daher nicht ein Werkstoff, sondern ein System zu verstehen, das unter Berücksichtigung der genannten Komponenten das Spritzgießen von faserförmigen UP-Formmassen auch zur Herstellung von großflächigen Teilen ermöglicht. Grundvoraussetzungen waren für die Formmasse die Schwindungskompensation der UP-Harze durch Thermoplaste (LP-Systeme) und für den Prozeß die geringe Schädigung der Textilglasfasern. Die Temperaturführung muß sicherstellen, daß in der Maschine keine Härtungsreaktionen stattfinden. Diese müssen auf das Werkzeug begrenzt sein.

Die ZMC-Spritzgießmaschine besteht im wesentlichen aus folgenden Bauteilen:

- Zylinder 1
  nimmt Formmasse für mehrere Spritzgießvorgänge auf

- Kolben in Zylinder 1
  fördert Formmasse über eine Axialbewegung (Weg S_1) zur Schnecke

- Schnecke
  fördert und plastifiziert durch Rotation die für einen Spritzgießvorgang notwendige Masse über die geöffnete Bohrung des Zylinders 2 in den Zylinder 3

- Zylinder 2 mit Bohrung
  wirkt nach Verschließen der Bohrung (Weg S_2) zusammen mit der nicht rotierenden Schnecke als Kolben in Zylinder 3 und stößt die Formmasse über die Düse in das Werkzeug aus

- Düse
  stellt die Verbindung zur Angußbuchse des Werkzeuges und damit zwischen Schließeinheit und Spritzeinheit her

Ein Problem bei dem Verfahren ist die Faserschädigung und damit Verkürzung die zu einer Festigkeitseinbuße führt. Ein Anwendungsgebiet sind Automobilteile in großen Stückzahlen.

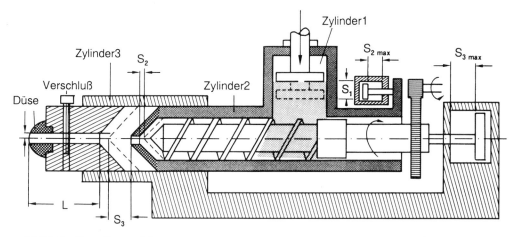

ZMC-Spritzgußmaschine
- S_1: Axialverschiebung Kolben
- S_2: Axialverschiebung Zylinder 2 gegen Schnecke
- S_3: Axialverschiebung Zylinder 2 + Schnecke in Zylinder 3

5.2.4 Kontinuierliche Verfahren

Als **kontinuierliches Laminieren** wird das Herstellen ebener, quer- oder längsgewellter endloser Bahnen mit konstantem Querschnitt bezeichnet. Das Verstärkungsmaterial wird auf

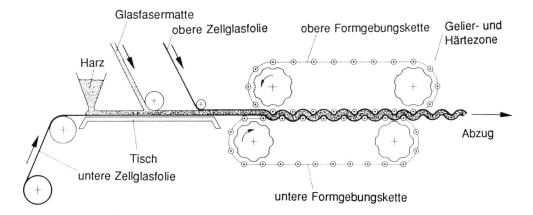

Herstellung quergewellter, endloser Bahnen

eine harzbeschichtete Trägerfolie aufgegeben, mit dem Harz imprägniert und anschließend mit einer zweiten Folie abgedeckt. Nach Durchlaufen einer Formgebungskette oder Doppelbandpresse und einer Aushärtungszone wird die fertige Bahn abgezogen und aufgewickelt.

Nach dem **Strangzieh-Verfahren** (Pultrusion) werden kontinuierlich Profile mit weitgehend variabler Querschnittgestaltung hergestellt.

Es wird daher auch oft als Profilziehen bezeichnet. Die Orientierung der Verstärkungsmaterialien ist hierbei verfahrensbedingt vorwiegend parallel zur Profilachse ausgerichtet. Es besteht auch die Möglichkeit, durch zusätzliche Wickeleinrichtungen die Verstärkungsfasern in Umfangsrichtung und beliebigen Winkeln zur Längsachse anzuordnen. Im Imprägnierbad werden die Faserstränge mit dem Matrixharz durchtränkt. Im Werkzeug erfolgt die Formgebung (Kalibrierung und Profilierung) und gleichzeitig die Aushärtung. Aus diesem Grund müssen die bei diesem Verfahren eingesetzten Harzsysteme sehr reaktiv sein, um beim Werkzeugdurchlauf zumindest bis zur Formstabilität des Profils aushärten zu können. Zur vollständigen Aushärtung wird ein Durchlaufofen nachgeschaltet. Weil die Härtung in den kontinuierlichen Arbeitsprozeß eingebaut ist, sind relativ große Härtestrecken erforderlich, was wiederum bestimmend für die Anlagengröße und die Leistung ist. Zum Transport bzw. zum Ablängen des fertigen, stranggezogenen Profils wird dem Verarbeitungsprozeß noch eine Abziehvorrichtung und eine mitlaufende ("fliegende") Säge nachgeschaltet.

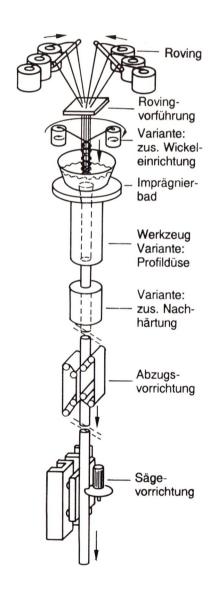

Prinzip des vertikalen Profilziehens

5.2.5 Sonderverfahren

Mit dem **Wickelverfahren** können Hohlkörper mit im wesentlichen rotationssymmetrischen Geometrien hergestellt werden. Beispiele sind Rohre, Tanks, Druckbehälter und einfache Strukturen, wie z.B. Kardanwellen und Blattfedern. Es ist ein weitgehend mechanisiertes Formgebungsverfahren mit hoher Genauigkeit und Reproduzierbarkeit. Beim Wickeln werden drehende (Wickeldorn) und hin- und hergehende (Support) Bewegungen miteinander kombiniert, um die mit Harz getränkten Fasern nach einem bestimmten Wickelmuster auf dem Dorn ablegen zu können. Es ist auch möglich, Gewebe- oder Matten zu wickeln. Die Zwischenlagen aus Mattenbändern dienen dabei der Verbesserung der interlaminaren Festigkeit.

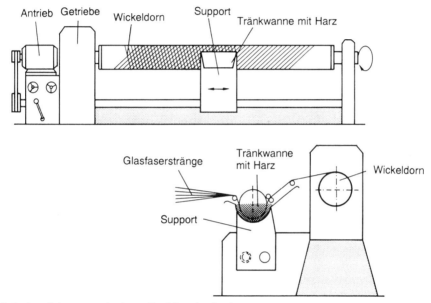

Wickelverfahren nach dem Drehbankprinzip

Die Wickelkerne oder Dorne sind feststehend einteilig oder wegen des Aufschrumpfens des Wickelkörpers beim Aushärten als Klappkerne ausgeführt. Zur leichteren Entformung von feststehenden Kernen werden diese oft mit einer leichten Konizität hergestellt. Das Ziehen der Kerne wird dann auf speziellen Abzugsvorrichtungen durchgeführt (Zugkräfte bis etwa 60 kN). Für besonders gestaltete Wickelkörper (z.B. geschlossene Behälter) werden auch sog. verlorene Kerne aus auswaschbaren Salzmischungen, Gips, Schäumen oder niedrig schmelzenden Metallegierungen verwendet.

Das **Flechtverfahren** ist ein dem Faserwickeln verwandtes Sonderverfahren, welches einen hohen verfahrenstechnischen Aufwand erfordert, damit verbunden sind hohe Grundinvestitionen. Das Flechten ist ein aus der Textiltechnik stammendes Verfahren, bei welchem die Verstärkungsfasern von einer **verschiebbaren** Flechtmaschine mit einem **rotierenden**

Flechtkopf auf einem **feststehenden** Kern abgelegt werden. Dadurch wird auf dem stationären Kern eine gewebeartige Struktur erzeugt.

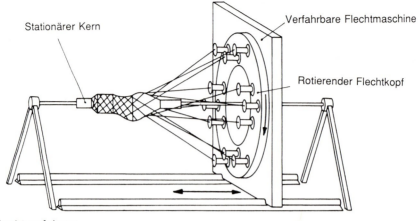

Flechtverfahren

Dank der hohen Zwischenfaserreibung beim mehrfachen Überkreuzen der Fasern lassen sich auch sehr komplizierte, von der geodätischen* Linie abweichende Faserorientierungen realisieren. Damit können auch sehr komplexe Strukturen, wie etwa Rohrkrümmer mit veränderlichem Querschnitt, geflochten werden. Die Imprägnierung der Verstärkungsfasern mit dem Matrixharz erfolgt meist im RTM- oder RIM-Verfahren, da eine konventionelle Tränkbadimprägnierung wie beim Wickelverfahren in der rotierenden und verfahrbaren Flechtmaschine einen sehr hohen Aufwand erfordert. Eine Variante dieses Verfahrens sind Faserverbundschläuche, welche durch kernloses Flechten endlos hergestellt werden. Sie werden als Elektro- und Wärmeisolierschläuche eingesetzt. Eine weitere, bekannte Anwendung dieser Flechtschläuche sind Tennisschläger der neueren Generation, bei denen der Schaft und der Rahmen meist aus einem CFK/GFK Hybridflechtschlauch besteht.

Das Prinzip des **Schleuder-Verfahrens** wurde aus der Metall- bzw. Betonröhrenproduktion übernommen. Es können rotationssymetrische Bauteile mit außenseitig glatter Oberfläche hergestellt werden. Das Verfahren eignet sich für die Fertigung von mittleren bis großen Stückzahlen im industriellen Maßstab. Der Harzansatz wird über einen beweglichen Beschickungsarm, die sog. "Lanze", in die Schleudertrommel eingebracht. Die Faserverstärkung wird vorher eingelegt oder gemeinsam mit dem Harz und eventuellen Zuschlagstoffen im Faserspritzverfahren durch die Lanze in die Schleuderform eingebracht. Da die Glasfasern und die Füllstoffe eine höhere Dichte als das Harz aufweisen, entstehen durch die Zentrifugalkraft beim

---

*Eine Geodäte ist die kürzeste Verbindung zweier Punkte auf einer gekrümmten Fläche

Schleudern Hohlkörper mit harzreichen, chemikalienbeständigen Innenschichten. Solche Rohre eignen sich z.B. für den Transport aggressiver Medien. Die tragenden Glasfasern liegen außen und sind dadurch vor Korrosion geschützt. Die ausgehärteten Rohrkörper lassen sich aufgrund der Schwindung des Matrixharzes problemlos entformen.

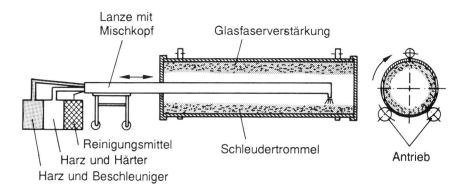

Schleuderverfahren

5.3 Verarbeiten von Verbunden mit thermoplastischer Matrix

In jüngster Zeit werden in zunehmendem Maße auch thermoplastische Kunststoffe als Matrixsysteme für Hochleistungs-Faserverbundkunststoffe eingesetzt.

Die Gründe hierfür sind:
- gegenüber konventionellen duroplastischen Matrixharzen verbessert Zähigkeitseigenschaften
- praktisch unbegrenzte Lagerfähigkeit ohne Kühlung
- die Möglichkeit des thermischen Nachformens und Schweißens als Fügeverfahren
- kurze Verarbeitungszeiten (keine chemische Aushärtereaktion)
- durch Verwendung von Matrixsystemen wie PEEK, PPS, oder PEI, mit Glasübergangstemperaturen von 150 - 230 °C und Schmelztemperaturen von 300 - 410 °C sind auch Hochtemperaturanwendungen möglich
- gegenüber duroplastischen Matrixharzen u.U. einfacheres Recycling wegen Wiederaufschmelzbarkeit

5.4 Nachbearbeiten

5.4.1 Bearbeitung nicht ausgehärteter Halbzeuge

Beim Vorkonfektionieren des Verstärkungsmaterials oder der Prepregs werden meist konventionelle mechanische Schneidverfahren wie Schlagscheren, Kreismesser, Handscheren, Bandsägen etc. eingesetzt.

Problematisch ist hierbei vor allem das Schneiden senkrecht zur Faserrichtung und die Bearbeitung sehr grober Gewebe mit hohem Flächengewicht. Feine Gewebearten und Schichten mit parallel zur Schnittfläche angeordneten Fasern lassen sich dagegen einfacher trennen, ausgenommen Aramidfaserhalbzeuge. Durch die multifibrilläre Fein-Struktur der Aramidfasern können diese beim Schneiden wegen der geringen Biegesteifigkeit nur schwer sauber durchtrennt werden. Die Fasern spleißen auf und verklemmen das Schnittwerkzeug. Es werden spezielle Aramidfaserscheren mit feinstgezackter Schnittkante angeboten.

In jüngster Zeit wird noch als weiteres, vollautomatisierbares Verfahren das Wasserstrahlschneiden zur Bearbeitung von vorimprägnierten Halbzeugen eingesetzt. Beim Wasserstrahlschneiden arbeitet man mit einem Wasserstrahl, welcher mit einem Druck von bis zu 4 000 bar durch eine Düse mit 0,1 - 0,7 mm Durchmesser gepreßt wird. Mit diesem Verfahren lassen sich hohe Vorschubgeschwindigkeiten (bis zu 40 m/min je nach Lagenanzahl) realisieren. Nachteilig ist, daß das Halbzeug nach dem Zuschnitt vor dem Laminiervorgang wieder getrocknet werden muß.

5.4.2 Bearbeitung ausgehärteter Werkstoffe

Grundsätzlich sollte man bei der Verarbeitung von faserverstärkten Kunststoffen bemüht sein, die Bauteile so herzustellen, daß möglichst wenig Nacharbeit erforderlich ist. Zur Nacharbeit zählen das Entfernen von Graten, die Einbringung von Aussparungen und Bohrungen, aber auch die Endbearbeitung einzelner Bauteilbereiche zur Einhaltung bestimmter Maßtoleranzen. Bedingt durch den heterogenen Aufbau von Faserverbundkunststoffe können an den Trenn- bzw. Bearbeitungsflächen Delaminationen oder Ausfransungen entstehen. Durch das Durchtrennen von im Kraftfluß liegenden Fasern, wie es etwa an Bohrungen oder Schlitzen zwangsläufig auftritt, werden die Faserverbundkunststoffe geschädigt bzw. geschwächt.

Zur Bearbeitung werden neben den klassischen Bearbeitungsverfahren mit definierter und undefinierter Schneide wie Bohren, Fräsen, Sägen, Drehen, Senken, Stanzen, Schleifen und Trennschleifen auch Trennverfahren mit energiereichen Strahlen wie das Wasserstrahl- und das Laserstrahlschneiden eingesetzt.

Zur **spanenden Bearbeitung** (Bohren, Fräsen, Senken, Reiben) kommen die gleichen Verfahren und Werkzeuge wie bei der Metallverarbeitung zum Einsatz, die Parameter wie Schnitt- und Vorschubgeschwindigkeit müssen den spezifischen Eigenschaften der FVK angepaßt werden. Aufgrund der stark abrasiven Wirkung von Glasfasern und Kohlenstoffasern tritt jedoch ein extrem hoher Werkzeugverschleiß auf. Zur Erzielung praxisrelevanter Standzeiten werden für die Bearbeitung von FVK daher meist diamantbeschichtete Werkzeuge oder

HSS-Werkzeuge eingesetzt. Die bei der Bearbeitung entstehenden Stäube werden an den Maschinen selbst oder im Raum abgesaugt.

Zum **Sägen** von faserverstärkten Werkstoffen kommen aufgrund der stark abrasiven Wirkung der Verstärkungsfasern nur diamantbeschichtete Band-, Draht-, oder Kreissägeblätter in Frage. Bei der Auswahl der Körnungsgrößen muß ein Kompromiß zwischen Oberflächenqualität und vertretbarem Bearbeitungszeitaufwand gefunden werden. Zur Minimierung der thermischen Belastung der Bauteile und dem Binden von Schleifstäuben wird i.a. mit Wasser als Kühlmittel gearbeitet.

Das **Schleifen** der Umrißkonturen wird bei GFK- und CFK-Bauteilen zur Verbesserung der Schnitt- und Trennkantenqualität durchgeführt. Oberflächen mit hohen optischen Anforderungen können vor dem Auftragen der Decklackschicht ebenfalls geschliffen bzw. poliert werden. Es wird mit naßfesten Schleifpapieren oder Schleifleinen auf manuell oder elektrisch/pneumatisch angetriebenen Schleiftellern gearbeitet. Um den Schleifstaub zu binden, werden Naßschleifverfahren bevorzugt. Zur Einhaltung geforderter Maßtoleranzen wird bei pultrudierten Rohren das Rundschleifverfahren mit wassergekühlten Schleifscheiben angewendet.

Einer der wichtigsten Arbeitsschritte bei der Bearbeitung von Werkstücken ist das **Besäumen** bzw. **Entgraten**, welches bei Preßteilen meist mit NC-gesteuerten Säge- oder Fräsmaschinen, bei Handlaminaten meist mit Trennschleifern durchgeführt wird. Das Beseitigen von Preßgraten bzw. Harzüberläufen in Durchbrüchen und Schlitzen kann auch durch Stanzen, Schaben oder Strahlen erfolgen.

Der Einsatz des **Laserstrahlschneid-Verfahrens** ist bei der Bearbeitung von FVK grundsätzlich möglich, allerdings bewirkt dieses Verfahren eine hohe thermische Belastung der Werkstoffrandzonen. Aufgrund der großen Unterschiede in der Wärmeleitfähigkeit und der Schmelztemperatur zwischen Matrix und Faser können sogar Verkohlungen und Delaminationen entstehen. Gute Ergebnisse liefert dieses Verfahren bei der Bearbeitung des Problemwerkstoffs Aramid. Bauteile oder Halbzeuge aus aramidfaserverstärktem Kunststoff lassen sich mit allen spanenden Formgebungsverfahren nur in sehr unbefriedigender Qualität bearbeiten.

	Aramidfaser	Glasfaser	Kohlenstoffaser
Wärmeleitfähigkeit	0,13 W/mK	0,8 W/mK	15-40 W/mK
Zersetzungs- bzw. Schmelztemp.	550 °C	1 300 °C	3 600 °C

Wärmeleitfähigkeit und Zersetzungstemperatur verschiedener Faserarten

Bei Anwendung des **Wasserstrahlschneidens** treten im Gegensatz zum Laserstrahlschneiden keine thermischen Belastungen des Werkstoffes auf. Durch Zugabe von Abrasivstoffen in das Druckwasser lassen sich mit diesem Verfahren auch sehr dicke Werkstücke bei Einhaltung enger Toleranzen und guter Oberflächenqualität bearbeiten. Problematisch ist allerdings das Auftreten von Delaminationen aufgrund der hohen energetischen Belastung des zu durchtrennenden Werkstoffs, weshalb dieses Verfahren z.B. bei dickwandigen CFK-Strukturen nicht eingesetzt wird. Beim Wasserstrahlschneiden treten im Gegensatz zum Trennschleifen und Laserstrahlschneiden keine Gesundheitsgefährdungen durch Stäube oder Dämpfe auf.

In der nachfolgenden Tabelle sind die spezifischen Eigenschaftsprofile der verschiedenen Bearbeitungsverfahren gegenübergestellt.

	Wasserstrahlschneiden	Laserstrahlschneiden	Konventionelle Schneidverfahren
mechanische Belastung	gering - mittel	sehr gering	mittel - hoch
thermische Belastung	sehr gering	sehr hoch	gering - mittel
Schadstoffentwicklung	keine	sehr hoch	hoch
Geräuschentwicklung	hoch	mittel	sehr hoch
Schnittfugenbreite	gering	gering	mittel
engste Radien	0,5 - 1,0 mm	0.5 mm	Werkzeugdurchmesser
Schnittkantengeometrie	parallel zur Strahlrichtung	parallel zur Strahlrichtung	senkrecht zur Werkzeugachse
Werkzeugverschleiß	sehr gering - gering	sehr gering	mittel - hoch
Zugänglichkeit des Werkstückes	beidseitig	beidseitig	einseitig
Werkstückdicke	begrenzt	begrenzt	durch Maschinenleistung begrenzt
Geschwindigkeit	hoch - sehr hoch	hoch - sehr hoch	mittel
Investitionskosten	hoch	hoch	gering - mittel

Bewertungskriterien zur Auswahl von Bearbeitungsverfahren für faserverstärkte Kunststoffe, (nach AKZO)

5.5 Einsatzbereiche von Epoxidharzen (nach Möckel/Fuhrmann)

5.5.1 Epoxidharze in der Elektrotechnik

In der Elektrotechnik werden EP-Harze bevorzugt im Wandlerbau und bei der Fertigung von Isolatoren und Trockentransformatoren eingesetzt. Niedrigviskose Harze werden zur Verbesserung der thermischen und mechanischen Eigenschaften mit 55 - 65 Gew.% Füllstoffe (Quarzmehl und Kreide) und Fasern (Wollastonit) zur Verbesserung der Rißbeständigkeit vermischt.

Die Einarbeitung der Füllstoffe geschieht in vielen Fällen beim Verarbeiter. Auf dem Markt sind jedoch auch verarbeitungsfreundliche, vorgefüllte Systeme erhältlich. Eine Spezialform ist ein hochgefülltes, rieselfähiges Harz-Granulat, das beim Anwender mit dem flüssigen Härter vermischt wird.

Die Aufbereitung wird in Mischbehältern unter Vakuum vorgenommen, um die Reaktionsharzmasse vollständig zu entgasen, da Lunker oder Blasen im Formstoff beim Betrieb des Bauteils zu Teilentladungen führen können. Als unterstützende Maßnahme werden häufig vorgetrocknete Füllstoffe eingesetzt. Die Aufbereitung der Reaktionsharzmasse dauert mehrere Stunden bei ca. 60 °C, um niedrige Gießviskositäten für den hohen Füllgehalt zu erreichen.

Bei der Dünnschichtentgasung läuft die Masse unter Vakuum kontinuierlich in dünner Schicht über einen Kegel, dabei werden Blasen an der nahen Oberfläche zum Platzen gebracht.

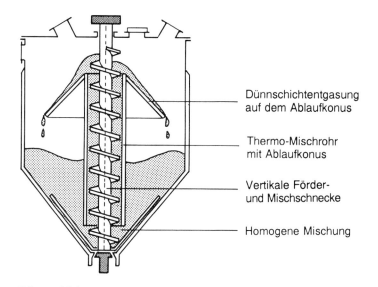

Dünnschichtentgasung

Zur Verarbeitung der fertig aufbereiteten Reaktionsharzmasse gibt es unterschiedliche Methoden.

Beim **konventionellen Verguß** wird die Reaktionsharzmasse unter Vakuum oder bei Normaldruck in eine mit einem Trennmittel behandelte Metallform gegossen. Die Temperatur der Form beträgt ca. 80 °C. Der Gießling wird in der Form gehärtet. Der Härtungsverlauf erfolgt von innen nach außen.

Ein typisches Einsatzgebiet ist der Verguß von Trockentrafos (das in den konventionellen Öltrafos enthaltene PCB wird durch umweltfreundliche EP-Formstoffe ersetzt).

Das Druck-Gelier-Verfahren weist gegenüber dem konventionellen Guß grundsätzliche Unterschiede auf. Die Temperatur der Formwandung ist im Vergleich zu der Reaktionsharzmasse wesentlich erhöht, sie beträgt für die Reaktionsharzmasse 40 bis 50 °C, die Formwandung bis zu 160 °C. Dadurch erfolgt die Härtung, von der Wandung ausgehend, von außen nach innen. Der anliegende Druck, in der Regel zwischen 2 und 5 bar, bewirkt eine Förderung der Reaktionsharzmasse und damit Schwundausgleich (vergleichbar dem Nachdruck beim Spritzgießen).

Durch die schichtweise ablaufende Härtung ist die Wirkung der Exothermie gegenüber konventionellen Verfahren geringer. Es gelingt so, selbst bei Vergußmengen im Bereich um 10 kg, Formbelegungszeiten zwischen 8 und 12 Minuten zu verwirklichen.

Das Druck-Gelier-Verfahren eignet sich ausgezeichnet zur Automatisierung, man spricht dann vom automatischen Druck-Gelier-Verfahren (ADG-Verfahren).

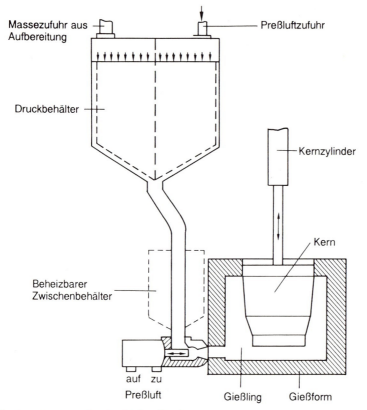

Automatisches Druck-Gelier-Verfahren

Einsatzgebiete des ADG-Verfahrens sind der Verguß von Stütz- und Hängeisolatoren, Schalterbauteilen sowie der Umguß von Rotoren.

Das Vakuumimprägnieren ist ein gängiges Fertigungsverfahren für große Maschinen, Spulen und spezielle Bauformen von Durchführungen. Die dabei eingesetzte Reaktionsharzmasse ist ungefüllt und außerordentlich reaktionsträge, um den Ansatz großer Mengen in Tauchbädern zu ermöglichen. Beim Vakuumimprägnieren werden Harze in Kombination mit Anhydridhärtern mit ausgesprochen geringem Säuregehalt angewendet. Derartige Komponenten verlangsamen den Viskositätsanstieg der Reaktionsharzmasse, so daß die Tränkbäder über Jahre einsatzfähig sind.

Das Träufelverfahren wird zur Fertigung von Rotoren für kleinere Maschinen, beispielsweise Handbohrmaschinen, angewendet. Der EP-Formstoff hat die Aufgabe, bei den auftretenden hohen Drehzahlen ($< 24\,000$ min^{-1}) und Temperaturen ($< 230\,°C$) die Leiter gegeneinander zu fixieren. Die Reaktionsharzmasse wird aufgeträufelt, die Imprägnierung erfolgt durch Kapillarwirkung. Bei Vorheiztemperaturen der Rotoren von ungefähr 130 °C werden extrem kurze Gelierzeiten und damit schnelle Fertigungstakte erreicht. Wichtig ist hier vor allem, daß der Drahtlack nicht durch die Reaktionsharzmasse angegriffen wird.

5.5.2 Epoxidharze in der Elektronik

Die wichtigsten Anwendungsgebiete von EP-Harzen in der Elektronik sind:

- Umhüllungssysteme
- Laminierharze für das Basismaterial gedruckter Schaltungen
- Hilfsstoffe für die Leiterplattenfertigung.

Ausschlaggebend sind ihre gute Haftung, Wärme- und Chemikalienbeständigkeit sowie die mechanischen und elektrischen Eigenschaften.

Im Hinblick auf die Verarbeitung zeichnen sich die verwendeten Spezialharzsystme aus durch:

- niedrige Viskosität
- lange Topfzeit
- geringe Exothermie bei der Härtung

Wegen der rationelleren Verarbeitung und zur Vermeidung von Fehldosierungen werden die traditionellen Drei-Komponenten-Systeme (Harz, Härter und Beschleuniger) zunehmend von Zwei-Komponenten-Systemen abgelöst, wobei die Beschleunigerkomponente im Härter vorab eingearbeitet ist.

Umhüllungssysteme für aktive und passive Bauelemente haben:

- **Schutzfunktion:** schützen das elektronische Bauteil gegen Feuchte und mechanische Beschädigung und verbessern die Ableitung von Verlustwärme
- **Isolierfunktion:** elektrische Isolierung und elektrisch hochbelastetes Dielektrikum
- **Explosions (Ex)-Schutz:** widersteht hohen mechanischen Beanspruchungen

Die wichtigsten Anwendungen sind:

- Umhüllung von Wickelkondensatoren
- Verguß von Diodensplittrafos
- Verguß von Trockenzündspulen
- Verguß von ex-geschützten Bauteilen
- Umhüllung von integrierten Schaltkreisen

Besonders bei aktiven Bauelementen besteht eine hohe Anforderung an die Reinheit z. B. an ionogenem Chlor. Um die notwendige Reinheit zu gewährleisten, müssen Füllstoffe daher oft synthetisch hergestellt werden.

Als Verarbeitungsverfahren sind entwickelt worden:

- **Verguß in verlorener Form**, die z. B. ein Kondensatorgehäuse sein kann. Zur besseren Durchtränkung und blasenfreiem Verguß, wird im Vakuum vergossen. Bei Zündspulen werden thermische Beständigkeit, Rißfreiheit bei Temperaturwechsel, Spannungsfestigkeit, dielektrische Festigkeit bei höchsten Frequenzen sowie Wärmeleitfähigkeit gewünscht.

- **Tauchverfahren.** Tantal- und Keramikkondensatoren werden im Tauchbad beschichtet

- **Wirbelsintern.** Das vorgewärmte Bauteil wird in ein Wirbelbett aus feingemahlenem Einkomponenten-EP-System eingetaucht. Die Körner schmelzen bei der Berührung mit der heißen Bauteiloberfläche auf und bilden so einen geschlossenen Überzug, der anschließend ausgehärtet wird

- **Umpressen im Niederdruck**, um empfindliche Kristallstrukturen gegen Beschädigungen zu schützen. Wichtig sind dabei ein niedriger thermischer Ausdehnungskoeffizient, hoher Reinheitsgrad, gute Haftung und niedrige Viskosität, um das Abreißen der Kontaktdrähte zu verhindern.

Verarbeitung

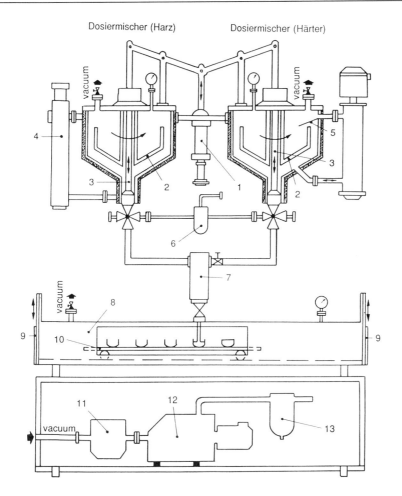

1 Zentralantrieb
2 Rührwerk
3 Dosierpumpe
4 Wärmetauscher
5 Dünnschichtentgasung
6 Lösemittelbehälter
7 Statikmischer
8 Vakuumgießkammer
9 Hubtür
10 Palette auf Gießwagen
11 Vorabscheider
12 Vakuumpumpe
13 Auspuffilter

Dreikammer-Vakuumgießanlage für EP-Harze

Laminieren von Leiterplatten

Leiterplatten dienen als Träger sowie als Verbindung aktiver und passiver Bauelemente miteinander, mit anderen Systemen und mit der Umwelt.

An das Leiterplattenlaminat werden folgende Anforderungen gestellt:

- maßhaltig für Photostrukturierung feinster Leiterbilder
- beständig gegen Chemikalien zum Entwickeln und Ätzen der Kupferschicht
- kein Schmieren beim Bohren
- beständig im Lötbad

Der Laminierharzansatz besteht aus EP-Harz, Härter und Beschleuniger, die in einem Lösemittel (70 bis 80 % Anteil) zur Imprägnierung vorbereitet werden.

Das Glasgewebe wird in der Reaktionsharzlösung getränkt und bei Temperaturen zwischen 120 und 140 °C getrocknet. Das imprägnierte, einlagige Gewebe, das Prepreg, wird geschnitten und mit weiteren Prepregs sowie ein oder zwei Kupferdeckschichten in einer Etagenpresse zu einem Laminat verpreßt. Der Preßvorgang muß so gesteuert werden, daß ein definierter Harzfluß entsteht, der zu einer gleichmäßigen Kontaktierung aller Lagen führt. Die Aushärtung des Laminats erfolgt kontinuierlich oder diskontinuierlich in der Presse bei ca. 175 °C, einem Preßdruck von 15 bis 20 bar in 45 bis 60 Minuten. Kontinuierlich hergestellte Laminate zeichnen sich durch eine hohe Qualität aus.

Zum Aufbau von Leiterplatten mit mehreren Informationsebenen, den Multilayer, werden dünne Kupferlaminate mit isolierenden Prepregzwischenschichten verpreßt.

Als Photolötstop- und Schutzlacke werden UV-härtbare EP-Harzsysteme (sog. Photopolymere) eingesetzt. Sie erfüllen die durch die Miniaturisierung und SMD-Technik aufgestellten Forderungen an die Qualität der Oberflächenbeschichtung von Leiterplatten:

- hohes optisches Auflösungsvermögen
- photographische Konturentreue
- hohe Reproduzierbarkeit des Maskenbildes in der Serienfertigung
- hohe Lötbadbeständigkeit
- Vermeidung von Lötbrücken
- Temperaturwechselbeständigkeit zwischen -65 und +125 °C
- zuverlässiger Schutz des Leiterbildes gegen Korrosion und Beschädigung

Photopolymersysteme auf der Basis von Epoxidharzen sind flammenhemmend eingestellte Systeme, denen Aerosil oder gemahlene Kreide als Mattierungsmittel zugefügt sind und als Lösung vorliegen.

Lötstoppmasken werden in mehreren Schritten hergestellt. Die Leiterplatten werden zunächst gereinigt und auf ca. 65 °C vorgewärmt, um eine ausreichende Fließfähigkeit des Systems zu gewährleisten. In einer Lackmaschine werden die Platten dann mit Photopolymer-Lösung beschichtet, indem sie mit hoher Geschwindigkeit durch einen fallenden Lackvorhang transportiert und mit einer gleichmäßigen Schicht überzogen werden, ohne daß dabei die durchkontaktierten Bohrlöcher mit Lacklösung ausgefüllt werden, Die ein- oder zweiseitig beschichteten Platten werden getrocknet und anschließend durch eine Photomaske mit UV-Strahlung belichtet. Die Bestrahlung bewirkt eine partielle Anhärtung der Beschichtung. Das unbelichtete

Photopolymer wird im Sprühverfahren gelöst und ausgewaschen. Im Anschluß daran wird die auf der Leiterplatte verbliebene angehärtete Maske bei Temperaturen von 140 °C in Konvektionsöfen ausgehärtet.

5.5.3 Epoxidharze im Fertigungsmittelbau

Epoxidharze in Kombination mit Füllstoffen und Verstärkungsfasern sind im Fertigungsmittelbau als Werkzeugharze erprobte Werkstoffe.

Zum Aufbau von Werkzeugen, Lehren und Modellen werden 2K-Epoxidsysteme eingesetzt, häufig in Kombination mit anderen Werkstoffen. Zur Wahl stehen Oberflächenharze, Gießharze, Laminier- und Urmodellpasten und Halbzeug, das sog. Blockmaterial.

Blockmaterial wurde als Ergänzung für Mastermodell-Pasten sowie als Holzersatz entwickelt. Es ist homogen, leicht und läßt sich einfach und sauber sowohl mit Holzbearbeitungswerkzeugen als auch auf mehrachsig gesteuerten Fräsmaschinen bearbeiten.

Systeme auf der Basis von Epoxidharzen lassen sich mit geringem maschinellen Aufwand verarbeiten. Sie ermöglichen den Aufbau homogener, leichter, verschleißbeständiger Modelle und Hilfsmittel mit einem geringeren Zeitaufwand als bei Einsatz von Metall. Die fertigen Bauteile zeichnen sich durch eine gute Maßhaltigkeit, Oberflächengüte und Kantenfestigkeit aus. Formänderungen durch Schwund und Wasseraufnahme sind vernachlässigbar.

Modelle	Negative, Urmodelle, Gießereimodelle, Kopiermodelle
Vorrichtungen	Fixier-, Spannvorrichtungen, Kopierfräs-, Kontroll-, Tuschier-, Bohr-, Schweiß-, Form-, Maßlehren
Umformwerkzeuge: für Metalle	Tiefzieh-, Streckzieh-, Biege-, Präge-, Bördel-, Fallhammerwerkzeuge
für Kunststoffe	Vakuumtiefzieh-, Schäumformen, Spritzwerkzeuge, wärmefeste Gießform
diverse Anwendungen	Prototypen, Produktteile, Werkzeugführungen

Epoxidharze im Fertigungsmittelbau

Einsatzgebiete von EP-Werkzeugharzen

Zur Herstellung der genannten Fertigungsmittel können verschiedene Verfahren gewählt werden. Generell lassen sich Modelle und Hilfsmittel mit und ohne Gegenform aufbauen. Als Beispiele werden für den Aufbau über eine Gegenform die Schichtbauweise und der Frontguß, für den Aufbau ohne Gegenform das Straken und Fräsen beschrieben.

Aufbau über eine Gegenform		Aufbau ohne Gegenform
Laminatbauweise	Laminieren Versteifen	Straken Spachteln Fräsen
Schichtbauweise	Grundieren Hinterfüttern	
Gießbauweise	Vollguß Frontguß	

Aufbauverfahren mit EP-Werkzeugharzen

Als Beispiele werden für den Aufbau über eine Gegenform die Schichtbauweise und der Frontguß, für den Aufbau ohne Gegenform das Straken und Fräsen beschrieben.

Zur Herstellung von Modellen und Hilfsmitteln **über eine Gegenform** müssen präzise gearbeitete Ausgangs- oder Bezugsmodelle vorliegen. Vor der Applikation der EP-Harzmasse wird die Oberfläche des Originals versiegelt und mit Trennmittel behandelt, damit das spätere Entformen möglich ist.

Im Hinterfütterungsverfahren wird auf das vorbehandelte Ausgangsmodell eine ca. 0,5 bis 2 mm dicke Oberflächenschicht blasenfrei aufgetragen. Feinste Konturen werden so präzise abgeformt. Auf die angelierte Oberflächenschicht wird dann eine Kupplungsschicht appliziert. Diese Schicht dient sowohl der Verstärkung als auch als Haftvermittler. Anschließend wird auf die Kupplungsschicht eine hochgefüllte Hinterfütterungsmasse aufgebracht, mit einem Holzstößel verdichtet und leicht festgestampft.

Modellplatten, Formrahmen mit leicht auswechselbaren Achtel-, Viertel- oder halben Modellplatten ermöglichen die rationelle Formenherstellung für Gußteile unterschiedlicher Größe und Stückzahl.

Werkzeuge für die Metallumformung lassen sich sowohl nach der Hinterfütterungsmethode als auch im **Frontguß-Verfahren** herstellen.

Ein Tiefziehwerkzeug, bestehend aus Matrize, Stempel und Blechniederhalter, wird im Frontgußverfahren aufgebaut. Zum Aufbau der Matrize wird in einem ersten Schritt ein unterdimensionierter Kern angefertigt.

Entsprechend der gewünschten Stärke des Frontgusses wird das Ausgangsmodell mit einer Wachsfolie überzogen und anschließend mit einer PE-Folie abgedeckt, damit der Kern einwandfrei entformt werden kann. Der Kern wird in einem Rahmen fixiert und die Hinterfütterungsmasse direkt eingegossen und festgestampft. Die Rückseite wird plangegossen oder mit Tuschierpaste geebnet. Im nächsten Arbeitsgang wird im Frontguß die eigentliche Matrize hergestellt.

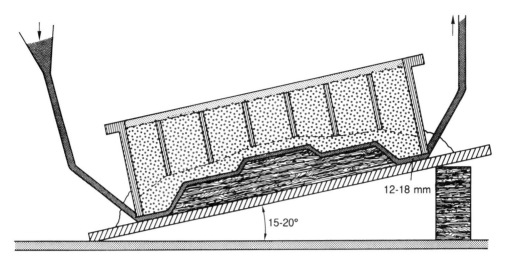

Frontguß-Verfahren

Zur Verbesserung der Haftung wird die harzreiche Oberflächenschicht des Kerns aufgerauht. Das auf einer Grundplatte befestigte und mit Trennmittel behandelte Ausgangsmodell wird in einer Schräglage fixiert. Darüber wird der Kern mit dem gewünschten Abstand in Position gebracht und der Spalt ausgegossen. Stempel und Blechniederhalter werden nach dem gleichen Prinzip gefertigt.

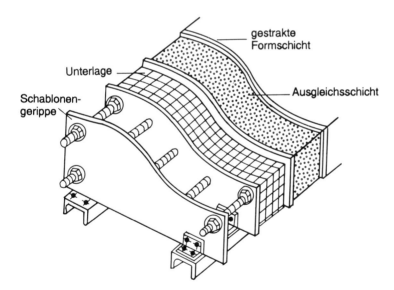

Erstmodellaufbau ohne Gegenform durch Straken

Zum Aufbau eines **Modells ohne Gegenform** wird ein Schablonengerippe aufgebaut. Das sog. **Straken** erfordert ein Gerüst aus Positivschablonen. Auf das Grundskelett wird Modellharzmasse aufgetragen und darüber mit einem Straklineal, das mindestens 3 Schablonen berührt, eine Strakharzmasse in einer 1 bis 2 mm dicken Schicht appliziert.

Im Fall von Großmodellen besteht das Gerippe aus einer massiven Holzkonstruktion. Sind dagegen nur wenige Abformungen vorgesehen, erfüllen Hartschaumblöcke den gleichen Zweck. Ein zweites Herstellverfahren ohne Gegenform ist das Fräsen aus Blockmaterial. Im Zuge der Einführung von CAM wird zur Herstellung von Urmodellen zunehmend Blockmaterial eingesetzt. Dazu werden die Zuschnitte aus mehreren Platten zusammengeklebt und auf einem Grundrahmen in Position befestigt. Der Rohling erhält auf mehrachsig gesteuerten Portalfräsmaschinen seine fertige Form. Anschließend wird das Modell von Hand bearbeitet.

5.6 Recycling

Die Abfallentsorgung und **Wiederverwertung von Kunststoffen** stellt ein zentrales Thema der Umweltpolitik dar. Die Gründe liegen in steigenden Kosten für die Abfallentsorgung und dem Druck der Öffentlichkeit, des Gesetzgebers und der Kommunen, die auf einer Reduzierung der anfallenden Abfallmenge bestehen. Ziel dieser Bestrebungen ist, knappen Deponieraum einzusparen. Ein globaler Gesichtspunkt ist eine bessere Rohstoffausnutzung zur Ressourcenschonung durch Wiederverwertung der Abfallmaterialien.

Zur Zeit werden Verordnungen vorbereitet bzw. sind schon in Kraft, die die Rücknahme und Verwertung der Altteile verbindlich regeln. So sieht z.B. eine Zielfestlegung der Bundesregierung vom 15.8.1990 auf der Basis des §14 des Abfallgesetzes vor, bis Ende 1993 eine flächendeckende Rücknahme von Alt-Kfz zu gewährleisten. Weiterhin wird einer stofflichen Verwertung Vorrang eingeräumt, wenn sie technisch möglich und die Kosten zumutbar sind. Als Ziel werden 25 % Recyclingkunststoff im Flottenmittel der Automobilhersteller erachtet. Für Verpackungen und Haushaltsgeräte sind ähnliche Bestimmungen in Kraft.

Allgemeine Gesichtspunkte

Für die Wiederverwertung von Kunststoffabfällen kann eine Prioritätenreihe aufgestellt werden, die zum Ziel hat, eine Deponierung der Abfallstoffe nur noch für anderweitig nicht mehr verwertbare Reststoffe zuzulassen. Das stoffliche Recycling darf nicht nur als alleinige Verwertungsmöglichkeit betrachtet werden, da die stoffliche Verwertung von verschmutztem oder nicht sortenreinem Kunststoffabfall nur unter hohem Energie-, Wasser- und Investitionsaufwand möglich und somit ökonomisch und ökologisch sinnlos ist.

> 1. Abfallvermeidung
> 2. Materialrecycling von sortenreinen und vermischten Abfällen
> 3. Chemische Verwertung, Gewinnung von Rohstoffen und Ausgangsprodukten (Pyrolyse, Hydrolyse usw.)
> 4. Nutzung des Energieinhaltes zur Strom- und Wärmeerzeugung
> 5. Deponierung für Reststoffe

Prioritätenliste des Verbandes der Kunststofferzeugenden Industrie (VKE) zur Verwertung von Kunststoffabfällen

Bei Faserverbundkunststoffen liegen die Probleme insofern etwas anders, als das Matrixmaterial als organischer Kunststoff und das Verstärkungsmittel bzw. die Füllstoffe als anorganische Werkstoffe bezüglich einer Wiederverwertung oder energetischen Nutzung (Verbrennung) ganz unterschiedliche Eigenschaften aufweisen.

Es wurden Vorstellungen über die Möglichkeiten der Entsorgung bzw. Vermeidung des Abfalls aus Faserverbundkunststoffen entwickelt.

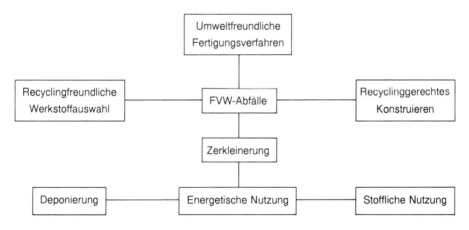

Entsorgung und Vermeidung von Abfällen aus Faserverbundkunststoffen

Der erste Schritt hin zu weniger Abfall sind Maßnahmen zu dessen Vermeidung. Hier sind umweltfreundliche Produktionsverfahren und Konstruktionen notwendig, die z.B. die Ausschußquote senken oder den bei der Nachbearbeitung anfallenden Abfall minimieren. Die beiden weiteren, parallel dazu vorgeschlagenen Schritte, eine **recyclingfreundliche Materialauswahl** und **recyclinggerechtes Konstruieren** sind schon zwiespältig. Eine recyclingfreundliche Materialauswahl muß sich am Gesichtspunkt der Wiederverwertbarkeit orientieren. Kriterien für den Einsatz und die Anwendung sind aber mit Sicherheit andere, wie Festigkeit, Steifigkeit, Alterungs- und Chemikalienbeständigkeit, Farbgebung und Oberflächenqualität.

Diese Zielsetzungen lassen sich aber von vornherein nicht unbedingt vereinbaren. Eine Optimierung des Werkstoffes in einer Richtung kann Nachteile in der anderen bringen, zudem kommt die Gefahr des Mehrgewichts, das im Fahrzeugbau im Betrieb leicht zu weit höherem Energieverbrauch führt (1 kg Mehrgewicht bedeuten bei 1,50 DM Benzinpreis, 200 000 km Laufleistung und 0,75 Liter Mehrverbrauch auf 100 km pro 100 kg Mehrgewicht, ca. 15 ltr. oder 22,50 DM zusätzlichen Treibstoff-Verbrauch pro kg).

Ebenso problematisch sieht es mit dem recyclinggerechten Konstruieren aus. Ein Hauptproblem, das kaum gewichtssparend gelöst werden kann, ist hierbei die schnellösbare Verbindung. Recycling und demontagegerechtes Konstruieren ist mit den Prinzipien des Leichtbaus nicht vereinbar. Leichtbau bedeutet hohe Funktions- und Materialintegration mit meist großflächigen, intensiven Verbunden. Bei vielbewegten Fahrzeugen wird die ökologische Bilanz meistens negativ ausfallen.

Will der Konstrukteur unter dem Gesichtspunkt einer einfachen, ohne aufwendige Demontage möglichen Wiederverwertung sein Bauteil auslegen und planen, muß er Werkstoffverbunde aus unterschiedlichen, großflächig fest miteinander verbundenen Materialien, z.B. PUR-verschäumte Stoßfängerträger aus SMC, vermeiden. Er muß gegebenenfalls eine Konstruktion wählen, bei der sowohl der Träger als auch der stoßenergieabsorbierende Schaum aus ähnlichen, verträglichen Materialien konstruiert werden kann. Aus dem als Beispiel gezeigten Vollkunststoff-Stoßfänger auf Basis Polypropylen läßt sich z.B. verstärktes PP für den Spritzguß gewinnen.

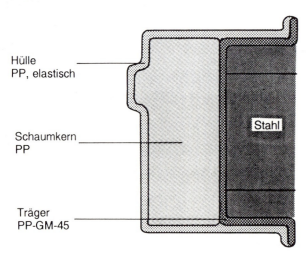

Vollkunststoff-Stoßfängersystem auf Basis Polypropylen

Mit Hilfe einer wirksamen Kennzeichnung, z.B. gemäß VDA-Richtlinie 260, kann das demontierte Bauteil einer sortenreinen Verwertung zugeführt werden. Allerdings ist eine reine Stoffgruppen-Kennzeichnung des Werkstoffes, z.B. PP-GM-30, auch nicht ausreichend, da verschiedene Firmen in ihren Eigenschaften unterschiedliche, aber als PP-GM-30 zu bezeichnende Materialien herstellen, die z.B. einmal brandhemmend oder besonders schlagzäh ausgerüstet und zudem unterschiedlich eingefärbt sein können, von den möglichen Varianten im Glasfasermaterial (Aufbau, Anteil, Verteilung) abgesehen. Im Sinne einer besseren Wiederverwertbarkeit muß daher eine Vereinheitlichung innerhalb der Werkstoffklassen angestrebt werden.

Stoffliche Wiederverwertung

Faserverbundkunststoffe sind heterogen aufgebaute Werkstoffe, die aus Fasern unterschiedlicher Art und Länge, einem Matrixmaterial aus einem Duroplasten oder Thermoplasten und anderen Füll- und Hilfsstoffen bestehen. Die speziellen Anwendungsgebiete mit teilweise extrem hohen Anforderungen an den Werkstoff und der komplexe Aufbau, der eine einfache Wiederverwertung erschwert, gestatten nur Sekundäranwendungen für das Recyclat, bei denen das verminderte Leistungsprofil toleriert werden kann.

Beispielhaft wird je ein Vertreter von faserverstärkten Kunststoffen mit duroplastischer und mit thermoplastischer Matrix herausgegriffen, um Verwertungskonzepte vorzustellen. SMC und GMT werden z.B. im Automobilbau und Elektrotechnik mit hohen Wachstumsraten eingesetzt und fallen auch in großen Mengen zur Verwertung an.

GFK bzw. das am meisten verwendete SMC ist im ausgehärteten Zustand nicht mehr form- und schmelzbar und muß daher vor der Verwertung zerkleinert werden. SMC besteht ungefähr zu je einem Drittel aus UP-Harz, anorganischen Füllstoffen (meist Kreide) und Glasfaser-Rovingbüscheln von ca. 25 mm Länge, der Rest entfällt auf Hilfsmittel. Beim **SMC-Recycling** schließt sich an die Grobzerkleinerung der Bauteile eine Feinzerkleinerung in einer Hammermühle an. Man erhält ein Mahlgut, in dem Glasfaserbüschel von einigen Zentimetern Länge von Matrixresten zusammengehalten werden und der Rest der Matrix in Pulverform vorliegt. Verschleiß der Mahlorgane und Fremdstoffe, wie z.B. Metallbuchsen, stellen Probleme bei der Aufbereitung dar. Das auf diese Weise vermahlene SMC kann dann nicht nur als reiner Füllstoff, sondern als echter Wertstoff, in dem die Alt-Glasfasern die tragende Wirkung weiterhin ausüben können, verwendet werden. Man spricht vom sog. Partikelrecycling.

Das pulverige Mahlgut wird mit einer frischen Harzrezeptur compoundiert und dann zur Herstellung von SMC-Recyclat-Halbzeug verwendet, wobei Neufasern und das Fasermahlgut als Verstärkungsmittel zugegeben werden. Ein Anteil von ca. 20 % Mahlgut im Recyclatbauteil ist ohne große Verschlechterung der mechanischen Eigenschaften einsetzbar. Problematisch ist vor allem die mangelhafte Oberflächenqualität, die den Einsatz von Recyclat auf Nichtsichtteile beschränkt. Weiter gibt es Probleme bei der Dosierung des Mahlgutes. Die Verarbeitungsparameter für das Recyclat-SMC müssen den schlechteren Fließeigenschaften angepaßt werden.

Mechanische Prüfung	Recyclatanteil (m-%)	Wert
Biegefestigkeit (N/mm^2)	0	160
	10	130
	20	120
	30	95
	40	90
Randfaserdehnung (%)	0	1.60
	10	1.34
	20	1.14
	30	0.80
	40	0.80
Biege-E-Modul (N/mm^2)	0	15500
	10	15500
	20	15000
	30	15000
	40	14500
Schlagzähigkeit (kJ/m^2)	0	34
	10	26
	20	20
	30	17
	40	13

Mechanische Eigenschaften von SMC mit unterschiedlichen Anteilen an Recyclat

Es ist zu erwarten, daß diese oder eine ähnliche Vorgehensweise für alle Faserverbunde mit duroplastischer Matrix Anwendung finden kann. Kurzfaserverstärkte Duroplaste, also z.B. verstärkte Phenolharzformmassen, sind auch durch Aufmahlen und Vermischung mit Neumaterial bis zu einem gewissen Anteil wiederverwertbar. Das Mahlgut wirkt aber hier nur als reiner Füllstoff und verschlechtert die Fließeigenschaften der Formmasse. Für CFK stellt die Möglichkeit der Rückgewinnung der wertvollen Kohlenstofffasern eine aussichtsreiche Recyclingmöglichkeit dar. Aus den nicht ausgehärteten CFK-Prepregs können schon heute durch Herauslösen der EP-Harz-Matrix mit Aceton und einer geeigneten Schnittechnik Kohlenstoff-Langfasern zurückgewonnen werden.

Für langfaserverstärkte Thermoplaste, wie z.B. das PP - GM, sind verschiedene Verfahren zu dessen Verwertung denkbar. Das Material wird durch Aufschmelzen der Thermoplastmatrix formbar. Mit keinem der Verfahren sind aber die Eigenschaften von GMT-Neuware erreichbar, obwohl GMT mit seiner thermoplastischen Matrix als recyclingfreundlich gilt.

Beim **GMT-Recycling** besteht die Möglichkeit, das Bauteil komplett in eine neue Form umzupressen. Versuche zeigten, daß das Material zwei Umpreßvorgänge ohne größere Verschlechterung der mechanischen Eigenschaften erträgt. Dieses Verfahren beschränkt sich aber auf nur wenige Anwendungsfälle. Als weitere Möglichkeit bietet sich die Umarbeitung zu mit Kurzglasfasern verstärktem Spritzgranulat an. Dabei lassen sich Stabilisatoren und Haftvermittler zugeben, so daß ein Werkstoff mit besseren Eigenschaften als von talkumverstärktem PP resultiert.

Die wirtschaftlichste Lösung ist es aber, das Abfallmaterial zur Herstellung von neuem GMT-Halbzeug einzusetzen, da so eine höhere Wertschöpfung erzielt werden kann und das zerkleinerte Material nicht mit den billigen verstärkten PP-Typen für den Spritzguß konkurrieren muß, wobei der Aufbereitungspreis oft den der Primärware schon übersteigt. In der Praxis wird zerkleinertes Material als Zwischenschicht von neuem GMT-Halbzeug extrudiert.

Die stoffliche Wiederverwertung von kurzfaserverstärkten Thermoplasten, z.B. PA 66-GF 30, für den Spritzgußbereich beschränkt sich auf das Einmahlen des Abfalls und alleinige Weiterverarbeitung oder vorherige Vermischung mit Neumaterial. Die mechanischen Eigenschaften verschlechtern sich dabei beträchtlich durch die beim nochmaligen Verarbeitungsprozeß zerkleinerten Fasern. Vor allem die Bruchdehnung und damit auch das Energieaufnahmevermögen bei Stoßbeanspruchung werden herabgesetzt. Zudem wird wie bei den unverstärkten Thermoplasten das Matrixmaterial bei der Wiederverarbeitung geschädigt. Diese Veränderungen der Matrix bewirken u.a. eine schlechtere Faser-Matrix-Kopplung und verminderte Langzeitfestigkeiten und -beständigkeiten bei Bewitterung und gegen Chemikalien.

Zusammenfassend ergibt sich für die stoffliche Verwertung von Faserverbundkunststoffen, daß selbst bei sortenreiner und unverschmutzter Erfassung der Altteile der ursprüngliche Zustand des Materials nicht wieder hergestellt werden kann. Es gilt entweder, das Anforderungsprofil für bestimmte Anwendungen zu senken oder neue Anwendungen zu finden, so daß die zu erwartenden großen Mengen an Recyclat auch am Markt abgesetzt werden können. Eine erneute Wiederverwertung setzt die Eigenschaften nochmals herab, so daß in einer Art **Verwertungskaskade** Anwendungen mit immer geringeren Anforderungen gefunden werden müssen, bis am Ende der Kaskade nur noch der Energieinhalt der Werkstoffe zur Wärmeerzeugung ausgenutzt werden kann.

Verbrennung

Die schadstoffreie Verbrennung von Kunststoffen ist Stand der Technik und bei Ausrüstung der Verbrennungsanlagen mit entsprechenden Feuerungs- und Rauchgasreinigungsanlagen unter Energiegewinn möglich. Eine Substitution von Inhaltstoffen, die bei Verbrennung Schadstoffe erzeugen können (z.B. Trennmittel auf Zn-Stearat-Basis für SMC, Weichmacher, flammhemmende Substanzen auf Halogenbasis usw.), können den Schadstoffaustrag weiter verringern. Weiterhin kann bei sortenreiner Verbrennung das Glas aus den Verstärkungsfasern zurückgewonnen werden.

Brennstoff	Heizwert [MJ/kg]
Heizöl	42
Hausmüll	10
PP	43,3
PP-GM 30	30,3
SMC-R30	10

Heizwerte von verschiedenen Kunststoffen und Brennstoffen

Das Argument einer Verschwendung von wertvollen Rohstoffen bei der Verbrennung ist nicht stichhaltig, wenn man bedenkt, daß 90 % des Erdöls für Heizöl und Benzin verbraucht und nur 5 % für die Herstellung von Kunststoffen benötigt werden. Unter Berücksichtigung der Tatsache, daß ein Auto bei 100 kg Gewichtsersparnis ca. 0,75 ltr. Benzin auf 100 km weniger verbraucht und Kunststoffe auch bei der Herstellung nur einen Teil der Energie herkömmlicher Konstruktionswerkstoffe wie Stahl und Aluminium benötigen, wird der Einsatz von Kunststoffen gerade unter dem Umweltaspekt weiter zunehmen.

Chemische Verwertung

Die chemische Verwertung von Faserverbundkunststoffen durch Hydrolyse, also einer Zersetzung des Matrixmateriales unter Wasserdampfatmosphäre, durch Hydrierung, einer Zersetzung des Matrixmateriales unter Wasserstoffatmosphäre, und durch Pyrolyse, einer reinen thermischen Zersetzung der Matrix, ist möglich, aber z.Z. noch unwirtschaftlich. Bei allen diesen Verfahren kann das Verstärkungsmaterial wiedergewonnen werden. Durch die Einwirkung von Temperatur und Chemikalien verschlechtern sich allerdings die Eigenschaften des Fasermateriales. Weiterhin werden die Zersetzungsprodukte der Matrix abgetrennt und dienen als Rohstoff für neue Kunststoffe. Ein Beispiel für den technisch, aber nicht wirtschaftlich erfolgreichen Einsatz einer chemischen Verwertung stellen PUR-Werkstoffe dar. Aus diesen Materialien können nach einer sog. Glycolyse, einer teilweisen Zersetzung der Matrix mit Alkoholen unter Temperatur- und Druckeinwirkung, sofort Rohstoffe gewonnen werden, aus denen sich nach Rezeptierung mit Isocyanaten wieder PUR herstellen läßt.

Organisation

Eine grundlegende Voraussetzung für alle Arten der Wiederverwertung von Kunststoffen ist die sortenreine Erfassung und Sammlung der Abfälle.

Speziell zur Verwertung von Verbundwerkstoffen wurde als Zusammenschluß von Herstellern und Verarbeitern von GFK die Firma ERCOM COMPOSITES RECYCLING GmbH gegründet. Das Konzept des Unternehmens sieht vor, durch eine mobile Zerkleinerungsanlage den GFK-Abfall bei den Verarbeitern zu sammeln und zu einer zentralen Aufbereitungsanlage zu transportieren. Das in der zentralen Anlage aufgearbeitete Material ist dann zur Wiederverwertung in den Verarbeitungsbetrieben vorgesehen. Dieses Beispiel zeigt, daß für das Recycling Einzellösungen unwirtschaftlich sind, sondern die betroffenen Firmen zusammenarbeiten müssen, um ein effektives Verwertungskonzept zu erstellen.

5.7 Arbeits- und Gesundheitsschutz

Bei der Verarbeitung von faserverstärkten Kunststoffen bzw. der Herstellung und Nachbearbeitung von Bauteilen kommt der Verarbeiter zwangsläufig mit chemisch reaktiven Komponenten, Lösungsmitteln, Dämpfen und Feinstäuben in Kontakt. Bei unsachgemäßer Handhabung von Reaktionsharzen, Reaktionsmitteln und Lösungsmitteln können Haut- und Schleimhautreizungen, im Extremfall auch Gesundheitsschädigungen und Vergiftungen auftreten. Daher ist der direkte Kontakt mit reizenden Stoffen und die Inhalation bzw. Inkorporierung von Dämpfen und Stäuben durch geeignete Schutzmaßnahmen zu verhindern.

Beim Umgang mit Gefahrstoffen hat der Arbeitgeber die erforderlichen Schutzmaßnahmen zu treffen und deren Einhaltung zu überwachen. Die gesetzlichen Rahmenbedingungen für den Umgang mit diesen Stoffen schaffen die Gefahrstoffverordnung (GefStoffV), das Bundes-Immissionsschutz-Gesetz (BImSchG) sowie das Bundes-Chemikaliengesetz (ChemG). In ihnen sind die zur Zeit (letzte Änderung: 23.4.1990 bzw. durch den Einigungsvertrag am 23.9.1990) gültigen Bestimmungen und Richtlinien, z.B. der

- MAK-Werte (maximale Arbeitsplatzkonzentrationen)
- TRK-Werte (technische Richtlinienkonzentrationen)
- BAT-Werte (biologische Arbeitsplatztoleranzwerte)
- TA-Luft (Technische Anleitung zur Reinhaltung der Luft)

verbindlich aufgelistet, sowie die Einteilung der verschiedenen Stoffe in Gefahrenklassen vorgenommen. Die aufgelisteten Richtlinien werden in Technischen Regeln für Gefahrstoffe (TRGS 900 und TRGS 402) konkretisiert und jedes Jahr in aktualisierter Form von den Gewerbeaufsichtsämtern herausgegeben.

Bei der Verarbeitung der meisten UP- und EP-Harze und der textilen Faserprodukte kann der Verarbeiter mit den unterschiedlichsten Gefahrstoffen in Kontakt kommen.

Kritischster Punkt bei der Verarbeitung von UP-Harzen ist das als Lösungs- und Vernetzungsmittel dienende **Styrol**. Der aktuelle MAK-Wert liegt bei 20 ppm. Dieser Wert ist bei den manuellen Verarbeitungsverfahren nur mit sehr großem Aufwand, durch Be- und Entlüftungssysteme einzuhalten. Bei Konzentrationen über dem MAK-Wert muß ein persönlicher Atemschutz in Form von Atemmasken, Frischlufthelmen oder Ventilationswesten getragen werden. Bei offenen Verfahren sollte mit Milieuharzen (hautbildenden Harzen) gearbeitet werden, sofern möglich sollte auf geschlossene oder automatisierte Verfahren übergegangen werden.

Flüssige Epoxidharze sind reizend und können sog. Epoxid-Allergien auslösen. Die allergischen Reaktionen wie Ekzeme, Schwellungen, Rötung, etc. sind nicht auf die reinen Kontaktstellen beschränkt und treten in Einzelfällen erst nach jahrelangem Umgang mit EP-Harzen auf. Die akute Toxizität der EP-Harze ist gering, die mittlere letale Dosis (LD_{50} oral-Ratte) liegt bei 10 000 mg/kg Körpergewicht, ein 75 kg-Mensch müßte, um sich zu vergiften, ca. 750 g reines Epoxidharz zu sich nehmen.

Organische Peroxide, die am häufigsten verwendeten Härtungsmittel bei UP-Harzen, stellen verhältnismäßig instabile Verbindungen dar, bei Hautkontakt, besonders in den Augen, wirken sie stark ätzend. Bei direktem Kontakt mit Beschleunigern können sie sich explosionsartig zersetzen. Peroxide brennen auch ohne Sauerstoffzufuhr weiter.

Die häufig verwendeten Amin-Beschleuniger sind giftig, Kobalt-Beschleuniger sind gesundheitsschädlich beim Einatmen. Das als Inhibitor (Reaktionsverzögerer) eingesetzte p-Benzochinon führt in hohen Konzentrationen zu Hornhautschädigungen bzw. zur Erblindung.

Die zur Härtung von Epoxidharzsystemen verwendeten Polyamine und Säureanhydride sind stark alkalisch, bei der Warmhärtung können ab Temperaturen von ca. 100 °C Schleimhautreizende Anhydriddämpfe entstehen. Falls Spritzer von Härter bzw. Beschleunigersubstanzen in die Augen gelangen, muß **sofort** mit viel Wasser gespült werden. Danach sollte unverzüglich ein Augenarzt konsultiert werden. Bei der Verarbeitung der genannten Stoffe bzw. der Herstellung von Harzansätzen sind daher die Verwendung von Schutzhandschuhen, Schutzkleidung und Schutzbrillen zwingend vorgeschrieben. Am Arbeitsplatz muß für eine gute Be- und Entlüftung gesorgt werden. Nach der Arbeit mit den genannten Substanzen sollte eine gründliche Hautreinigung und die Anwendung geeigneter Hautschutzmittel erfolgen. Wichtig ist auch, daß bei der Verarbeitung dieser Substanzen nicht geraucht und gegessen wird.

Die **handelsüblichen Fasermaterialien** werden nicht als alveolengängig bzw. cancerogen (krebserzeugend) eingestuft, wie etwa die Asbestfasern. Unter alveolengängigem Staub versteht man Partikel, die einen bestimmten kritischen aerodynamischen Durchmesser aufweisen, um im Lungengewebe bis in die Lungenbläschen vorzudringen und sich dort einzulagern. Für künstliche Fasern besteht nur dann begründeter Verdacht auf cancerogene Wirkung, wenn der Durchmesser bei einer Länge von < 5 µm unter 1 µm liegt. Die Durchmesser der üblichen Fasern liegen bei der Kohlenstoffaser im Bereich > 5 µm, bei der Glasfaser im Bereich > 10 µm und bei der Aramidfaser im Bereich > 7 µm. Auch neigen die textilen Fasern nicht zur fortgesetzter Mehrfachspaltung, welche, durch die Vermehrung im Organismus, die eigentliche Problematik bei der Asbestose darstellt.

Das Einatmen von kurzfaserhaltigem **Schleif- oder Schneidestaub**, der bei der Nachbearbeitung entsteht, kann jedoch zu Reizungen der oberen Atemwege führen. Diese Stäube werden als fibrogene Stoffe bezeichnet, welche in den Atemwegen die Bildung von Bindegeweben hervorrufen und zur sog. Staublunge führen. Der derzeit gültige MAK-Wert für Feinstaub liegt bei 6 mg/cm^3.

In Einzelfällen kann der Hautkontakt mit textilen Glasfasern zu Hautreizungen führen. Diese Symptome klingen jedoch in den meisten Fällen nach kurzer Zeit ab. Da der Umgang mit textilen Fasermaterialien zu Mikroschnitten in der Haut führen kann, sollten die Beschäftigten aus diesen Bereichen nie gleichzeitig auch Umgang mit Harzkomponenten haben, da sich dann die hautreizende Wirkung dieser Stoffe potenziert.

Beim Schleifen und Trennen sowie bei der Herstellung von Ansätzen mit organischen Füll- und Hilfsstoffen sowie Farbmitteln können brennbare bzw. explosive Stäube entstehen, daher müssen geeignete Absauganlagen zur Erfassung und Abscheidung von Stäuben installiert werden.

Schutzmaßnahmen bei der Handhabung von textilen Fasermaterialien sind: die Vermeidung enganliegender Kleidung, das regelmäßige Abspülen von Händen und Armen, die Benutzung von Hautschutzsalben, das häufige Reinigen der Arbeitskleidung sowie eine gute Absaugung eventuell entstehender Stäube.

Zur Reinigung von Werkzeugen und Arbeitsmitteln werden **Dichlormethan, Aceton** und **Alkohole** eingesetzt. Bei Dichlormethan (Methylenchlorid) besteht der begründete Verdacht auf cancerogenes Potential. Besonders problematisch ist hierbei die Tatsache, daß die Wahrnehmungsschwelle mit 200 - 300 ppm weit **oberhalb** des z.Z. gültigen MAK-Wertes von 100 ppm liegt. Bei 500 ppm kommt es bereits zu pränarkotischen Wirkungen, bei höheren Konzentrationen aufgrund der stark entfettenden Wirkung zu Lungen- und Hirnödemen. Die

Durchführung von Reinigungsarbeiten darf daher nur bei guter Belüftung, unter Beachtung aller bereits beschriebenen persönlichen Arbeitsschutzmittel und unter ständiger Kontrolle der MAK- und BAT-Werte der Beschäftigten erfolgen.

5.8 Vergleich der Verarbeitungsverfahren

Verfahren / Merkmal	Handlaminieren	Faserspritzen	Pressen von SMC	Fließ-Pressen, GMT	Wickeln	Injektionsverfahren, RIM	Pultrudieren	Tape legen
Wirtschaftlichkeit, Investitionen	geringe Investitionen, hohe Lohnkosten, geringe Stückzahlen	geringe Investitionen, hohe Lohnkosten, geringe Stückzahlen	hohe Investitionen, hohe Stückzahlen	hohe Investitionen, hohe Stückzahlen	hohe Investitionen, geringe Stückzahlen	hohe Investitionen, Massenfertigung	hohe Investitionen, hochautomatisiert, hoher Ausstoß	hohe Investitionen, hohe Lohnkosten, geringe Stückzahlen
Grundgeometrie	große Teile	große Teile	flache, ebene Teile	flache, ebene Teile	möglichst einachsige Hohlkörper mit geschlossener Oberfläche	flache Teile mit Rippen, Wandstärke 2,5·Durchmesser	zweidimensionale Voll- und Hohlprofile, Panels	flächige Teile
Taktzeit	>40 min	>35 min	1,5 - 4 min	30 - 60 sec	geometrieabhängig	ca. 60 sec	-	2 - 10 h
Faservolumenanteil [%]	10 bis 35	10 bis 35	35 bis 65	35 bis 65	50 bis 70	bis 80, 40 üblich	50 bis 80	bis 70
Ausrichtungsgrad der Fasern [%]	60 bis 85	regellos	70 bis 90	70 bis 90	90 bis 100	abhängig von Preform	90 bis 100	bis 90
Luftvolumengehalt [%]	2 bis 3	2 bis 3	0,5 bis 1,5	0,5 bis 2	0,5 bis 2	0,5 bis 4 kompakt, hoch bei Schäumen	0 bis 2	0,5 bis 2
Verarbeitungstemperatur [°C]	RT bis 60	RT bis 60	120 bis 160	220 bei PP-Matrix	RT, Nachhärtung bis 60	RT bis 300	100 bis 140	80 bis 120
Gefahr von Fließlinien	nein	nein	ja	ja	nein	nein	nein	nein
Bauteilgröße [m²]	0,5 - 100 üblich < 0,5 ungünstig	1 - 100 üblich <1 ungünstig	0,1 - 5	0,1 - 5	1 - 10 üblich >10 möglich	bis 5	endlos, transportbegrenzt	0,5 - beliebig
Wanddicke [mm]	2 - 10 üblich, >10 möglich	2 - 10 üblich, >10 möglich	2 - 16	2 - 8	1 - 10 üblich >10 möglich	bis 10 sinnvoll >10 möglich	3 - 20	0,5 - 20
Wanddickensprünge	möglich	möglich	möglich	möglich	bei gleitenden Übergängen möglich	möglich	unüblich, in Abziehrichtung denkbar	möglich
Wanddickentoleranzen [%]	bis 50	bis 80	bis 12	bis 12	bis 20	bis 5	bis 10	bis 20
Mindestradien [mm]	5	5	0,5	0,5	10 <10 bedingt	0,5	1	0,5
Entformungsschrägen	1 : 25 bis 1 : 50	1 : 25 bis 1 : 50	1 : 25 bis 1 : 100	1 : 25 bis 1 : 100	-	1 : 50 bis 1 : 100	-	1 : 25 bis 1 : 50
Hinterschneidung	mit geteilten Formen möglich	mit geteilten Formen möglich	unüblich	unüblich	unüblich	möglich	nicht möglich	unüblich
Rippen	möglich	möglich	möglich	möglich	nicht möglich	möglich	möglich	möglich
Sicken	möglich	möglich	möglich	möglich	bedingt möglich	möglich	möglich	möglich
Einlegeteile	möglich	möglich	möglich	möglich	möglich, nicht reproduzierbar	möglich	möglich	möglich
Durchbrüche	größere möglich	größere möglich	möglich	unüblich	nicht zu empfehlen	möglich	nicht möglich	möglich
Oberfläche	einseitig glatt	einseitig glatt	beidseitig glatt, Auswerferabdrücke	beidseitig glatt, Auswerferabdrücke	einseitig glatt	beidseitig glatt	beidseitig glatt	einseitig glatt
Feinschicht	einseitig üblich	einseitig üblich	nicht möglich	nicht möglich	möglich	möglich	nicht möglich	nicht möglich
Transparenz	möglich	möglich	nicht möglich	nicht möglich	möglich	möglich, wenig sinnvoll	möglich	nicht möglich
Nacharbeit	besäumen	besäumen	entgraten, lackieren	entgraten	bedingt, trennen	Anguß abtrennen, entgraten	trennen	besäumen

Verfahrensabhängige Merkmale (nach Michaeli)

Verarbeitung

	1 Verfahren	Handverfahren	Faserspritzverfahren	Injektionsverfahren	Naßpreßverfahren	Wickelverfahren	Schleuderverfahren	Profilziehverfahren
2	Art der Verstärkung Glasgehalt in Gewebe	Glasseidenmatten 20-30 Glasseidengewebe 35-50 Roving-Gewebe 40-50 Roving (örtlich) 50-70	Glasseidenschnitzel 20 bis 30	Glasseidenmatten 20-30 Glasseidengewebe 35-45	Glasseidenmattenvorformlinge 25-40 Glasseidengewebe 50-65 Roving-Gewebe 50-65	Rovings Glasseidengarne Glasseidenmatten Glasseidengewebeband	Glasseidenmatten 25-35 Glasseidengewebe 30-40 Roving-Gewebe 25-35	Rovings Spinnrovings Glasseidengarne Glasseidengewebebänd.
3	Wirtschaftl. Abmessungen d. Werkstücke in m³	0,5 bis 100	1 bis 100	0,5 bis 20	0,3 bis 10	1,0 bis 100 kontinuierlich endlos	1 bis 100	endlos bzw. transportbegrenzt
4	Wanddicken in mm	2 bis 10 üblich	2 bis 10 üblich	2 bis 10 üblich	1,5 bis 10 üblich	1 bis 10 üblich	3 bis 10 üblich	3 bis 20
5	Unterschiedliche Wanddicken	möglich	möglich	möglich	bedingt möglich	bei gleitenden Übergängen möglich	möglich	in Querschnitt möglich in Ziehrichtung nicht möglich
6	Wanddickentoleranzen in %	Mattenverstärkung bis 50 Gewebeverstärkung bis 20	bis 30 unvermeidbar	bis 20	bis 20	je nach Verstärkungsart bis 20	bis 20	bis 10
7	Mindestradien in mm	5	5	5 bis 10	3	10	–	1
8	Seitenneigungen	1:25 bis 1:50	1:25 bis 1:50	1:25 bis 1:50	1:25 bis 1:50	–	–	–
9	Hinterschneidungen	möglich	möglich	bedingt möglich	nicht möglich	möglich	nicht möglich	senkrecht zur Ziehrichtung möglich
10	Sicken	möglich	möglich	möglich	möglich	bedingt möglich	nicht möglich	möglich
11	Rippen	möglich	möglich	bedingt möglich	bedingt möglich	bedingt möglich	nicht möglich	üblich
12	Versteifungseinlagen	möglich	möglich	möglich	bedingt möglich	möglich	nicht möglich	möglich
13	Einsätze zur Krafteinleitung	möglich	möglich	möglich	möglich	möglich	nicht möglich	möglich
14	Durchbrüche	größere möglich	größere möglich	möglich	möglich	nicht zu empfehlen	nicht möglich	nicht möglich
15	Oberflächengüte	einseitig glatt	einseitig glatt	beidseitig glatt	beidseitig glatt	einseitig glatt	beidseitig glatt	allseitig glatt
16	Feinschicht	einseitig üblich	einseitig üblich	einseitig und beidseitig möglich	bedingt möglich	möglich	möglich	nicht möglich
17	Transparenz	möglich	möglich	möglich	möglich	möglich	möglich	bedingt möglich
18	Nachbearbeitung der Werkstücke	trennen	trennen	entgraten trennen	trennen	trennen	trennen	trennen

Gestaltungsmerkmale bei Verarbeitungsverfahren von UP-Harz-Formstoffen (nach AVK)

6. Mechanische Prüfung

6.1 Besonderheiten des Verformungsverhaltens

Verglichen mit unverstärkten Kunststoffen ändert sich das Verhalten der Verbundwerkstoffe wenig mit der Temperatur, der Belastungsdauer und den Umweltbedingungen (Luftfeuchtigkeit, aggressive Medien, UV-Strahlen). Größeren Einfluß haben die Aushärtung der Matrix, Inhomogenitäten in der Faser- bzw. Füllstoffverteilung, der richtigen Faserorientierung bzw. eventuellen Krümmungen der Fasern und dem Einhalten des Fasergehalts. Kennwerte werden daher zum besseren Vergleich verschiedener Verbunde auf den Fasergehalt bezogen.

Die Versagens- bzw. Ermüdungsprozesse verstärkter Kunststoffe sind weitaus komplexer als das Versagen homogener Werkstoffe, z.B. Metalle oder unverstärkter Kunststoffe. Bei diesen Werkstoffen bestimmt überwiegend die Bildung bzw. die Wachstumsgeschwindigkeit eines Einzelrisses den Schädigungszustand und damit letztlich die Lebensdauer.

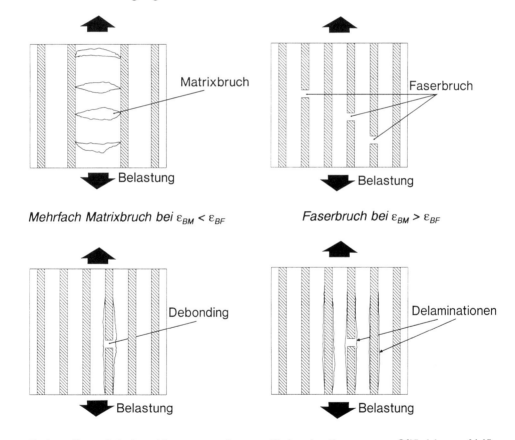

Mehrfach Matrixbruch bei $\varepsilon_{BM} < \varepsilon_{BF}$

Faserbruch bei $\varepsilon_{BM} > \varepsilon_{BF}$

Debonding, lokales Versagen der Faser/Matrix-Grenzfläche bei schlechter Haftung

Delaminationen, großflächiges Ablösen einzelner Laminatlagen bei schlechter Haftung aufgrund von unterschiedlicher Querkontraktion von Faser und Matrix

Im Gegensatz dazu können bei faserverstärkten Werkstoffen je nach Bruchdehnung der Einzelkomponenten unterschiedliche Schädigungsmechanismen auftreten:

- bei gleichen Bruchdehnungen von Matrix ε_{BM} und Fasern ε_{BF} tritt ein Versagen durch Einzelrißbildung auf
- bei unterschiedlichen Bruchdehnungen $\varepsilon_{BM} < \varepsilon_{BF}$ und $\varepsilon_{BM} > \varepsilon_{BF}$ können, je nach Faservolumenanteil des Materials, sowohl Einzelrißbildung als auch Mehrfachrißbildung in einer der beiden Werkstoffkomponenten zum Versagen führen.

Auch wenn die Bruchdehnung der Matrix höher als die der Fasern ist, kann deren Wert durch die Zugabe von Füllstoffen unter den der Fasern sinken.

Die aus diesen Schädigungsformen resultierenden vielfältigen Phänomene erschweren eine sichere Versagensvoraussage für diese Werkstoffgruppe. Es existiert daher eine große Anzahl von Vorschlägen und Verfahren, wie die Versagensmechanismen von Verbundwerkstoffen beschrieben, berechnet und vorausbestimmt werden können.

Fasern in und senkrecht zur Belastungsrichtung

Das Versagensverhalten der unidirektionalen Einzelschicht spiegelt sich im Verformungsverhalten von Matten- oder Gewebelaminaten wieder. Es gibt immer Faserbündel, die in Faserrichtung, und solche, die senkrecht dazu belastet werden. Unter Zugbelastung zeigen die Faserverbundelemente in Faserrichtung ein lineares Verformungsverhalten, senkrecht dazu verformen sie sich weniger steif und versagen aufgrund von Kerbspannungen, Dehnungsvergrößerung und unzureichender Haftung. Unter Belastung verformt sich der Verbund zunächst etwa

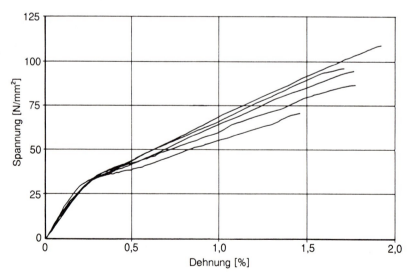

Spannungs-Dehnungskurven von 5 Einzelmessungen an SMC

linear, an den querverlaufenden Fasern treten erste Haftungsbrüche auf, und die Steifigkeit der Proben nimmt geringfügig ab. Mit zunehmender Last nimmt das Querversagen an Häufigkeit stark zu, während die in Lastrichtung verlaufenden Fasern weiter tragen. Das Spannungs-Dehnungs-Verhalten ist somit durch zwei Abschnitte gekennzeichnet: Ein erster steiler und ein zweiter weniger steiler, linearer Abschnitt mit einem stetigen Übergang, auch als "Knie" bezeichnet.

Orthotrope Laminate

Verstärkte Kunststoffe entstehen häufig erst bei der Verarbeitung und weisen eine ausgeprägte Inhomogenität und Anisotropie auf. Dies muß nicht nur bei der Untersuchung, sondern auch schon bei der Herstellung der Prüfkörper berücksichtigt werden. Wegen der Anisotropie ist daher zur Charakterisierung verstärkter Kunststoffe eine erheblich größere Anzahl von Werten notwendig als bei unverstärkten Kunststoffen.

Wegen ihrer hohen Festigkeit sind verstärkte Kunststoffe besonders geeignet für dünnwandige Konstruktionen, die sich im sog. "ebenen Spannungszustand" befinden. Dieser Zustand stellt sich z.B. an einer Platte ein, die durch in ihrer Ebene wirkende Kräfte belastet wird. Die Verformung wird durch die Dehnungen ε_x, ε_y und die Schubverformung γ_{xy} beschrieben, welche durch die Spannungen σ_x, σ_y und σ_{xy} hervorgerufen werden.

Das Hookesche Gesetz stellt einen linearen Zusammenhang zwischen Verformungs- und Spannungskomponenten her. Bei den Verbundwerkstoffen ergibt sich als der häufigste Fall die sog. **Orthotropie** (**ortho**gonal aniso**trop**). Die orthotrope Platte weist zwei, zueinander senkrechte Symmetrieachsen (O_x und O_y), auf. Für Verformungen und Spannungen in Richtung der Orthotropieachsen, in der die Fasern eines Gewebes oder Geleges verlaufen, lautet das Hookesche Gesetz:

$$\varepsilon_x = \frac{\sigma_x}{E_x} - \frac{\nu_{xy}}{E_y}\sigma_y$$

$$\varepsilon_y = \frac{\sigma_y}{E_y} - \frac{\nu_{yx}}{E_x}\sigma_x$$

$$\gamma_{xy} = \frac{1}{G_{xy}}\sigma_{xy}$$

Eine orthotrope Schicht ist also durch vier Elastizitätskenngrößen, die drei Moduln E_x, E_y, G_{xy} und die Querkontraktionszahl ν_{xy} charakterisiert (bei ν_{xy} bezeichnet x die Richtung der Kontraktion, hervorgerufen durch eine Belastung in Richtung y). Für das allgemeine

Koordinatensystem O_1, O_2 sind aber mehrere Elastizitätskenngrößen nötig, die aufgrund der 4 Grundgrößen und des Winkels φ ermittelt werden können.

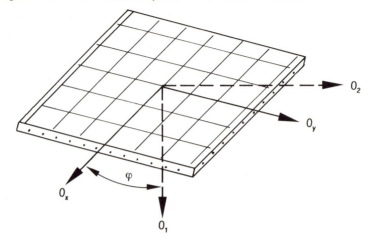

Darstellung der Hauptkoordinaten (O_x, O_y) eines orthotropen Laminates

Bei wirrer Anordnung der Fasern in der Polymer-Matrix, was vor allem bei Mattenlaminaten der Fall ist, sind die Elastizitätskennwerte richtungsunabhängig. Solche isotropen Werkstoffe (wie auch Metalle und unverstärkte Kunststoffe) sind dann durch zwei Elastizitätswerte, z.B. E und ν, charakterisiert.

6.2 Statische Belastung

Die Festigkeitskennwerte weisen eine stärkere Anisotropie auf als die Elastizitätskennwerte, da die Festigkeiten nicht nur von den Eigenschaften der Komponenten, sondern auch von deren Haftung aufeinander beeinflußt werden. Während die Elastizitätskennwerte bei sehr niedrigen Beanspruchungen untersucht werden, wobei Struktureffekte (z.B. Luftblasen, Eigenspannungen) keine Rolle spielen, wirken sich diese Effekte bei hochbeanspruchenden Festigkeitsprüfungen aus, was z.B. zu einer größeren Streuung der Meßwerte führt.

Bei mehrachsiger Belastung läßt sich daher keine Vergleichsspannung wie bei isotropen Werkstoffen ableiten. Die Versagenshypothesen für verstärkte Kunststoffe müssen das unterschiedliche Versagensverhalten in den verschiedenen Belastungsrichtungen, sowie bei Mehrschichtverbunden, die Festigkeit der Schichten untereinander (z.B. interlaminaren Schub) berücksichtigen.

Der statistische Charakter der Festigkeit zeigt sich auch im Einfluß der geometrischen Abmessungen: So nimmt z.B. die Festigkeit der Probekörper mit steigender Querschnittsfläche ab. Dieser Abfall erklärt sich bei dicken Proben mit der größeren Wahrscheinlichkeit an Defekten und Schwachstellen in der Struktur, bei dünnen Proben mit den zunehmenden Beschädigungen an der Probenoberfläche. Da man es üblicherweise mit relativ dünnen Proben zu tun hat, ist es notwendig, die Oberflächenqualität (besonders an den Schnittflächen) zu beachten.

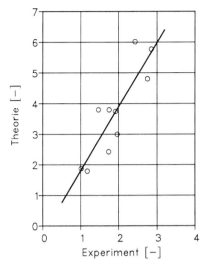

Vergleich eines theoretischen und experimentellen Wertes des Kerbfaktors für unterschiedliche Laminate

Einfluß einer runden Kerbe auf die Festigkeit eines GF-UP-Laminats bei kombinierter Beanspruchung

Die Verbundwerkstoffe sind als relativ spröde Werkstoffe auch kerbempfindlich, in der Praxis allerdings weniger ausgeprägt, als theoretisch angenommen werden müßte. Die steifen und hochfesten Fasern behindern die Rißausbreitung, wenn z.B. die Faser/Matrix-Haftung gelöst wird, was einen Abbau von Kerbspannungen an der Rißspitze hervorruft.

Zug

Für Verbundwerkstoffe sind Probeformen mit großem Übergangsradius geeignet. Bei Gewebelaminaten und unidirektional verstärkten Verbundwerkstoffen haben sich prismatische Probekörper bewährt, die an den Einspannstellen durch Aufleimer verstärkt sind. Der Bruch

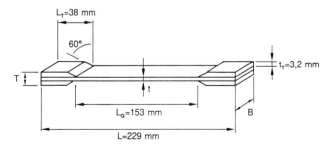

Probekörper für Zugversuch mit Aufleimern (nach Carlsson/Pipes)

soll innerhalb der Meßlänge verlaufen, mindestens 10 mm von den Einspannbacken entfernt. Die Zugfestigkeit senkrecht zur Faserrichtung wird an gewickelten Proben gemessen.

Eine orthotrope Schicht ist durch die drei Moduln E_x, E_y, G_{xy} und die Querkontraktionszahl ν_{yx} charakterisiert. Die Proben müssen genau in den Faserrichtungen aus der Prüfplatte herausgearbeitet werden. Die Prüfgeschwindigkeit beträgt etwa 1 %/min., wobei die maximale Dehnung nicht 0,5 % überschreiten soll, um nicht in den Bereich der Schädigungen zu kommen. Bei hinreichend kleiner Dehnung gilt das Hookesche Gesetz:

$$E_x = \frac{F \cdot l_0}{A_0 \cdot \Delta l} = \frac{\sigma_x}{\varepsilon_x}$$

Hierbei bedeuten ε_x die Dehnung und σ_x die Spannung in x-Richtung, l_0 die ursprüngliche Meßlänge und Δl ihre Änderung, die durch die Kraft F bewirkt ist, A_0 ist der Anfangsquerschnitt des Prüfkörpers innerhalb der Meßlänge. Zur Bestimmung des E_y-Moduls sind die Werte σ_y, ε_y in der y-Richtung zu ermitteln.

Die Querkontraktionszahl ν_{yx} wird aus den von der Spannung σ_x hervorgerufenen Verformungen ε_x und ε_y bestimmt. Es gilt:

$$\nu_{yx} = -\frac{\varepsilon_y}{\varepsilon_x}$$

Die Querverformung wird üblicherweise mit Dehnmeßstreifen gemessen.

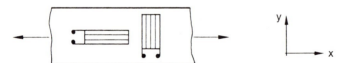

Anordnung der Dehnmeßstreifen zur Bestimmung der Querkontraktionszahl

Druck

Wegen der Gefahr der Instabilität muß bei Bestimmung der Druckfestigkeit die Form der Probekörper sorgfältig ausgewählt werden. Geeignet sind rechtwinklige Prismen, Zylinder oder Rohre für eine symmetrische Belastung. Bei guter Faser/Matrix-Haftung tritt der Bruch durch Abscheren, bei schlechter Haftung durch Delamination ein. Um bei UD-Laminaten ein Aufplatzen an der Auflage der Druckplatte zu vermeiden, werden modifizierte Druckprobekörper mit Stützvorrichtung zur Vermeidung des Ausknickens verwendet. Bei Druckbelastung ist es schwierig, einen eindeutig reinen Spannungszustand im ganzen Probekörper und während der ganzen Prüfung zu realisieren.

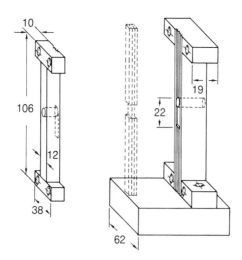

Modifizierte Druckprüfvorrichtung nach DIN 65375 (Boeing-Vorrichtung). Die Krafteinleitung in die Proben erfolgt an den Stirnseiten der Proben

Schub

Zu den Besonderheiten der Verbundwerkstoffe gehört auch die Abhängigkeit der **Schubfestigkeit** von der Richtung der Beanspruchung. Die Belastbarkeit des Elements durch Zugspannung in Faserrichtung und Druckspannung senkrecht zur Faser ist um ein Vielfaches höher als umgekehrt.

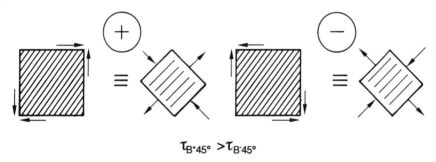

$$\tau_{B^+45°} > \tau_{B^-45°}$$

Einfluß der Richtung der Schubspannung auf die Schubfestigkeit

Die Schubfestigkeit wird vorwiegend an dickwandigen, rohrförmigen Proben gemessen, da bei dünnwandigen Prüfkörpern in der Regel vor dem Bruch bereits Stabilitätsversagen eintritt. Für die Schubfestigkeit gilt:

$$\tau_B = \frac{2M_T \cdot R_M}{\pi(R^4 - r^4)}$$

mit M_T = Torsionsmoment beim Bruch, $R_M = (R + r)/2$.

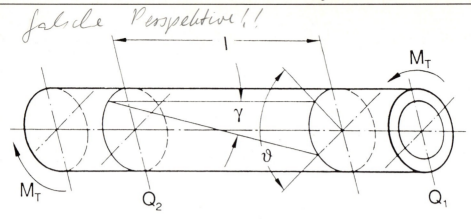

Schematische Darstellung eines Torsionsversuches an einem Rohr

Das klassische Verfahren zur Bestimmung des Schubmoduls ist die Torsion dünnwandiger Rohre. Um den Schubmodul G_{xy} zu bestimmen, muß die Rohrachse mit der Richtung einer Orthotropieachse des Werkstoffs übereinstimmen.

Wenn das Torsionsmoment M_T eine Verdrehung ϑ zweier um die Länge l voneinander entfernter Querschnitte Q_1 und Q_2 gegeneinander hervorruft, gilt:

$$G_{xy} = \frac{2 M_T \cdot l}{\pi \cdot (R^4 - r^4) \cdot \vartheta}$$

An Proben, die unter 45° zu den Orthotropieachsen orientiert sind, kann man den Schubmodul G_{xy} aus dem Zugversuch ermitteln. Es gilt:

$$G_{xy} = \frac{\sigma_1}{2 \cdot (\varepsilon_1 - \varepsilon_2)}$$

wobei σ_1 und ε_1 die Spannung und Dehnung in Längsrichtung, und ε_2 die Dehnung in Querrichtung der Probe darstellen.

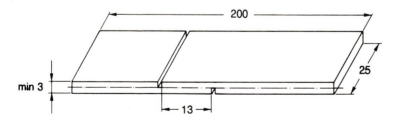

Probenkörper zur Bestimmung der interlaminaren Schubfestigkeit

Als ein besonderes Qualitätscharakteristikum eines geschichteten Verbundwerkstoffes wird die interlaminare Scherfestigkeit (ILS) bestimmt. Es werden verschiedene Prüfkörper benutzt, da die gemessene Scherfestigkeit stark von der Biegesteifigkeit des Probekörpers beeinflußt werden kann.

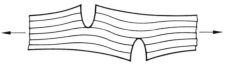

Biegeverformung an einer Scherprobe zur Bestimmung der interlaminaren Schubfestigkeit

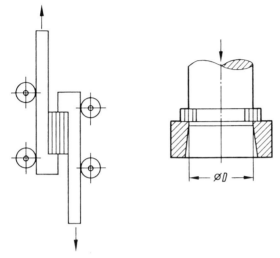

Schematische Darstellung des Scherversuchs für flache und ringförmige Probekörper

Die ILS kann an einer kurzen Biegeprobe im sog. Short-Beam-Test ermittelt werden, bei dem der Bruch als Folge der in der neutralen Ebene wirkenden maximalen Schubspannungen eintritt. Aus der Bruchkraft F_B und der Probenbreite b und -höhe h wird die ILS berechnet:

$$\tau_{IL} = \frac{3F_B}{4b \cdot h}$$

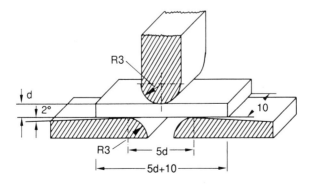

Probe zur Bestimmung der interlaminaren Scherfestigkeit

Die Schubfestigkeit kann auch an flachen Proben gemessen werden, dabei müssen in die Ränder eines rechteckigen, flachen Probekörpers mittels einer speziellen Gelenk-Konstruktion Schubkräfte eingeleitet werden.

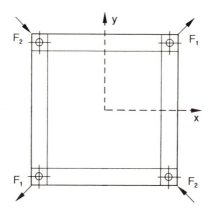

Schematische Darstellung eines Gelenksystems zur Schubbeanspruchung einer quadratischen Flachprobe

Biegung

Bei der Bestimmung der Elastizitäts- und Festigkeitskennwerte im Biegeversuch geht man davon aus, daß die Verteilung der Normalspannungen über dem Querschnitt linear ist. Die Werte für die Biegefestigkeit hängen sehr von der Lage der Fasern zu der neutralen Ebene ab.

Der Biegeversuch wird mit einer 3- oder 4-Punkt-Auflage durchgeführt. Der Vorteil der **4-Punkt-Biegeprüfung** liegt darin, daß das Biegemoment zwischen den Auflagen längs der ganzen Länge l konstant bleibt, und in diesem Bereich keine Schubkräfte auftreten, was zur Bestimmung der Elastizitätsmoduln besonders günstig ist. Bei der **3-Punkt-Biegeprüfung** herrscht im Probekörper ein relativ komplizierter Spannungszustand mit maximaler Belastung in Probenmitte und Schubspannungen in den oft weniger festen Zwischenschichten. Diese Meßwerte sind in erster Linie für Vergleichsuntersuchungen von Bedeutung.

"**NOL-Ring**"-Probekörper dienen in erster Linie zur Qualitätskontrolle und zur Untersuchung technologischer Einflüsse, der Vorspannung und der Oberflächenbehandlung der Glasfasern, die für das Wickelverfahren von besonderer Bedeutung sind. Die ring- oder stadionförmigen Probekörper werden mittels spezieller Formen auf einer Wickelmaschine hergestellt oder aus längeren Zylindern herausgeschnitten. An diesen Proben werden die Biegefestigkeit, die Zugfestigkeit, der Biege-Elastizitäts-Modul und die interlaminare Schubfestigkeit mit verschiedenen mechanischen und hydraulischen Vorrichtungen bestimmt.

Mechanische Prüfung

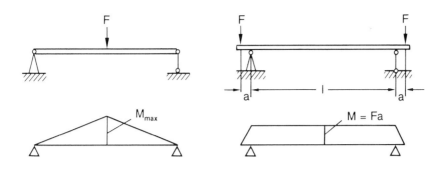

Biegemomentverlauf an einer Drei- und einer Vierpunkt-Biegeprobe

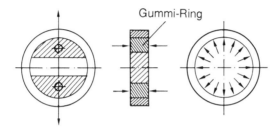

Schematische Darstellung der Beanspruchung des NOL-Ringes mittels metallischer Segmente, eines Gummiringes bzw. einer hydraulischen Prüfvorrichtung

6.3 Statische Langzeitbelastung

Verstärkte Kunststoffe kriechen sehr viel weniger als normale, unverstärkte Kunststoffe. Die wichtigsten Prüfverfahren sind der Zeitstand- (σ = const.) und der Relaxations-Versuch (ε = const.). Langzeitversuche bei ruhender Beanspruchung werden unter den verschiedensten Bedingungen durchgeführt, z.B. unter Zug-, Druck-, Biege- und Torsionsbeanspruchungen, bei ein- oder mehrachsiger Beanspruchung, bei kombinierter Belastung sowie als Funktion der Temperatur, der Verarbeitungseinflüsse, der Umweltbedingungen und in Abhängigkeit von konstruktiven Gestaltungsmerkmalen (Kerbfaktoren). In der Praxis wird aus versuchstechnischen Gründen überwiegend der Zeitstandversuch unter Zugbeanspruchung durchgeführt.

Kriechversuche an UP-Laminaten mit unterschiedlicher Glasfaserverstärkung zeigen nach einer mehrmonatigen Belastungsdauer geradlinigen Kriechverlauf über fast 15 Jahre. Interresant ist, daß dieses Verhalten nur bei linearer Zeit- und Dehnungsauftragung erkennbar ist. Bei der üblichen logarithmischen Zeitachse erscheint der Dehnungsverlauf bis zu einem Jahr nahezu linear, während er sich besonders bei höheren Belastungen ab 1 Jahr zu beschleunigen scheint.

Dieses sind rein mathematische Effekte. Der Einfluß der Glasfaserverstärkung ist vor allem an der größeren Festigkeit und Steifigkeit der Laminate zu erkennen. Das Kriechverhalten ist über Jahre als praktisch linear zu bezeichnen und kann daher auch auf weit längere Zeiten als die gemessenen extrapoliert werden. Bei dem besonders für Behälter geeigneten UP-Harz ist die Kriechneigung bei 20 °C und 40 °C praktisch gleich. Dabei kann davon ausgegangen werden, daß die Restfestigkeit von GF-UP-Mattenlaminaten nach mehr als 100 000 Stunden Belastungsdauer unter Zug noch mehr als 75% der Anfangsfestigkeit beträgt.

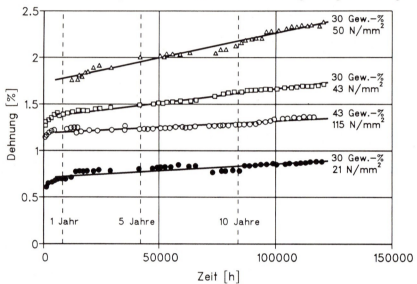

Kriechkurven von GF-UP, halb-logarithmische Auftragung der Meßwerte

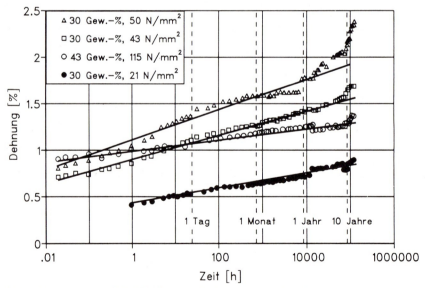

Kriechkurven von GF-UP, lineare Auftragung der Meßwerte
a) Mattenlaminat, ψ = 30 Gew.-%; E-Modul = 6 000 N/mm²; σ_{zB} = 70 N/mm²
b) Mattenlaminat, ψ = 43 Gew.-%; E-Modul = 13 100 N/mm²; σ_{zB} = 123 N/mm²

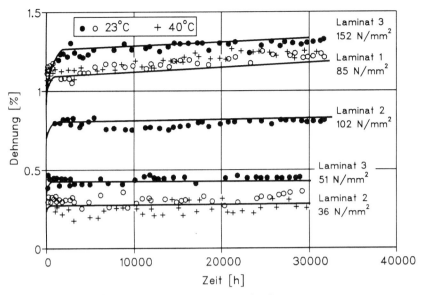

Kriechkurven von GF-UP, bei 23 °C und 40 °C
1) GF-UP-Mattenlaminat (50 ÷ 55 Gew.-%); E-Modul = 10 300 N/mm²; σ_{zB} = 163 N/mm²; ε_B = 1,7 %
2) GF-UP-Matten-Rovinggewebe-Laminat (50 ÷ 55 Gew.-%); E-Modul = 14 700 N/mm²; σ_{zB} = 198 N/mm²; ε_B = 1,8 %
3) GF-UP-Rovinggewebe-Laminat (55 ÷ 60 Gew.-%); E-Modul = 15 300 N/mm²; σ_{zB} = 250 N/mm²; ε_B = 1,6 %

6.4 Dynamische Belastung

Die Ermüdungseigenschaften von Faserverbundkunststoffen werden neben dem gewählten Laminataufbau in besonders starkem Maße von den verwendeten Ausgangswerkstoffen beeinflußt. So weisen beispielsweise EP-Harze i.a. günstigere Ermüdungseigenschaften als UP-Harze auf. Von übergeordneter Bedeutung ist aber die Auswahl der Faserwerkstoffe. Kohlenstoffasern haben eine weitaus höhere Lebensdauer bei dynamischer Belastung als Glas- und Aramidfasern. Im Diagramm ist der Verlauf der Maximaldehnung über der Schwingspielzahl von orthotropen Laminaten bei Glas-, Kohlenstoff-, und Aramidfasern bei Verwendung einer identischen EP-Harzmatrix dargestellt.

Bemerkenswert ist der Steilabfall der ertragbaren Maximaldehnung bei den glasfaserverstärkten Laminaten auf nur ca. 25 % ihrer Bruchdehnung aus dem Zugversuch, bereits nach 10^5 Schwingspielen. Die kohlenstoffverstärkten Laminate ertragen nach 10^7 Schwingspielen noch 75 - 80 % ihrer statischen Maximaldehnung. Hier zeigt sich ihr überlegenes dynamisches Verhalten. Die aramidfaserverstärkten Laminate ertragen nach 10^7 Schwingspielen nur noch 30 % ihrer statischen Maximaldehnung, allerdings zeigen sie einen ausgeprägten Abfall der Maximaldehnung erst bei höheren Schwingspielzahlen von ca. 10^5.

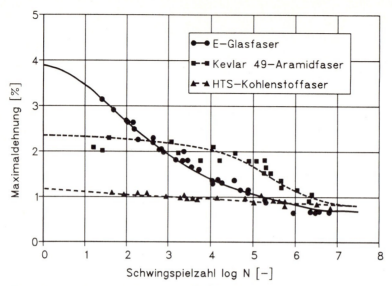

Ermüdungseigenschaften von [0/90]$_S$-Verbunden mit gleicher EP-Harzmatrix und verschiedenen Fasern nach Daten von Jones

Zur Beschreibung des Ermüdungsverhaltens sind folgende Kriterien sinnvoll:

- Bruch- oder Totalversagen (Wöhlerkurven)
- Steifigkeitsabfall und Restfestigkeit
- Schädigungsart und -verlauf

Diese Kriterien ermöglichen in der Reihenfolge zunehmend differenzierte Aussagen über den zeitlichen Verlauf und Ursachen des Ermüdungsverhaltens, erfordern aber auch einen erheblich höheren Versuchsaufwand zur Ermittlung des Schädigungszustandes wie:

- kontinuierliche Kontrolle der Spannungs-Dehnungsverläufe und der daraus abgeleiteten Hilfsgrößen
- Energieaufnahme bzw. mechanische Dämpfung
- mikroskopische Analysen
- Ultraschalluntersuchungen

6.4.1 Wöhlerkurven

Die Aufnahme von Wöhlerkurven ist auch für FVK das am häufigsten angewendete Verfahren zur Beschreibung des Ermüdungsverhaltens. Als Ermüdungskriterium wird meistens der **Bruch**, also das totale Versagen des Prüfkörpers, angegeben. Der gradlinige Verlauf ist in Wirklichkeit nicht immer gegeben, wie ein Vergleich der wichtigsten Verstärkungsfasern zeigt. Eine Auswertung der Versuchsergebnisse mit statischen Verfahren führt zu einer Aussage über die Bruch, bzw. Versagenswahrscheinlichkeit.

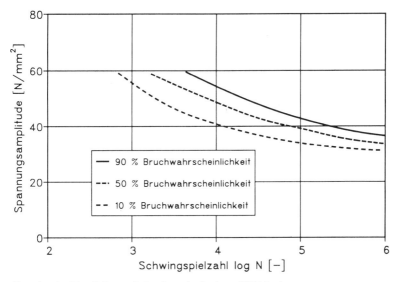

Bruch als Ermüdungskriterium bei einer Wöhlerkurve

Für dynamisch belastete Bauteile ist jedoch der Bruch, sofern er eindeutig auftritt, als einziges Ermüdungskriterium unzureichend, da die meisten FVK mit zunehmender Belastungsdauer und fortschreitender Ermüdung einen mehr oder weniger ausgeprägten **Steifigkeitsabfall** zeigen. Dieser Abfall ist z.B. bei der Verwendung von FVK für Strukturelemente wegen der damit verbundenen Änderung der Schwingungseigenschaften nur in bestimmten Grenzen zulässig. Nimmt man als Ermüdungskriterium einen Steifigkeitsverlust von 10 oder 20 % an und überträgt diese Punkte in ein Wöhlerdiagramm, erhält man damit zumindest weitere wichtige Informationen über den zeitlichen Verlauf der Ermüdung. Zur Bestimmung der **Restfestigkeit** wird die Probe normalerweise nach einer bestimmten Lastspielzahl einer statischen Prüfung unterzogen.

Bei glasfaserverstärkten Kunststoffen wird das **Steifigkeitskriterium** herangezogen. Dazu wird ein statischer Zugversuch durchgeführt und das Spannungs-Dehnungs-Diagramm aufgenommen. Dieses ist gekennzeichnet durch das Knie im Bereich der am stärksten auftretenden Schädigungen. Die Steifigkeit der Probe wird durch den Sekantenmodul als Verbindungslinie zwischen dem Bruch- und dem Nullpunkt gekennzeichnet. Bei einer dynamischen Belastung wird Bruch eintreten, wenn der Steifigkeitsabfall der Probe diese Kurve erreicht. Dieses Kriterium gilt nicht bei kohlenstofffaserverstärkten Laminaten, da C-Fasern ein progressives Spannungs-Dehnungs-Verhalten aufweisen, d.h. mit zunehmender Belastung steifer werden.

In dem dargestellten Beispiel wurde die Probensteifigkeit durch Aufnahme der Hysteresiskurve ermittelt.

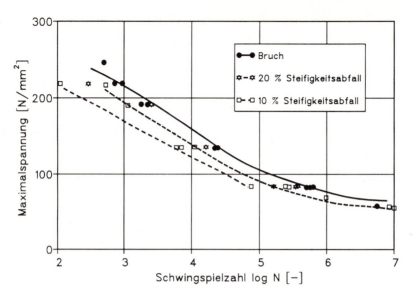

Steifigkeitsabfall als Ermüdungskriterium (EP-CF-Laminat)

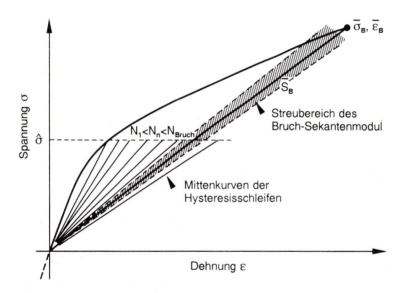

Abnahme der Probensteifigkeit bei GFK, im Zugzyklus bei Dauerschwingbeanspruchung (schematisch). Ermüdungsbruch tritt auf, wenn die Probensteifigkeit den Bruch-Sekantenmodul des Zugversuches erreicht bzw. unterschreitet

Daß sich die Rißbildungsstrukturen bei statischer und dynamischer Belastung ähnlich sehen, erkennt man an dem Vergleich der beiden SMC-Proben.

Um Aussagen über die Gebrauchstauglichkeit und die Restfestigkeit von dynamisch belasteten FVK machen zu können, ist der Zustand der **Schädigung** und sein weiterer Verlauf wichtig. Dieses gilt besonders, wenn Chemikalieneinflüsse oder sonstige korrosive Angriffsmöglichkeiten besonders auf die sehr empfindlichen Glasfasern bestehen.

Neben der qualitativen Beschreibung der Schädigungserscheinungen (Debonding, Matrixrisse, inter- und intralaminare Delamination, Faserbrüche) gibt es Verfahren zur quantitativen Beschreibung des Schädigungsverlaufes, die man in diskrete und integrale Verfahren einteilt. Bei den diskreten Verfahren werden bestimmte Schädigungen (z.B. Querrisse, Längsrisse) quantitativ ermittelt und über der Lastspielzahl aufgetragen. Als integrales Meßverfahren zur Beschreibung des Schädigungsverlaufes hat sich für viele FVK (SMC, GFT, GF-UP-Gewebe- und Mischlaminate) das Hysteresis-Meßverfahren (s. S. 174) bewährt. Grundlage dieses Verfahrens ist die Bewertung der Änderung der Hysteresisschleife während der Werkstoffermüdung. Änderungen, die sich aus irreversiblen Anteilen der Hysteresis ergeben, werden mit mikroskopischen Schädigungen verglichen.

Bruchmechanische Methoden beurteilen die Ausbreitung von Rissen in Werkstoffen unter dynamischer Beanspruchung (Rißfortschrittsversuche). Aufgrund der Heterogenität und der Anisotropie der Faserverbundkunststoffe tritt eine Vielfachrißbildung ein. Die bruchmechanische Bewertung eines einzelnen Risses ist daher wenig aussagekräftig für den Fortschritt der Gesamtermüdung.

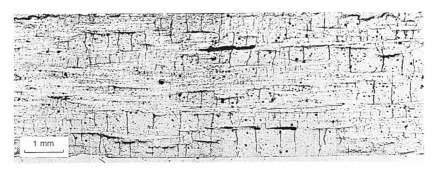

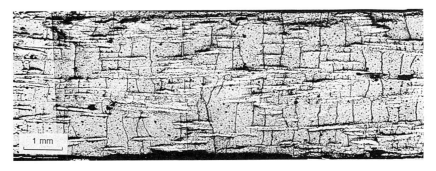

Matrixrißbildung zwischen Schichten aus Glasfaserbündeln nach Ermüdungsbruch für $\sigma_O = 30$ N/mm² (oben) und nach zügiger Belastung bis zum Bruch

6.4.2 Hysteresis-Meßverfahren

Wird ein viskoelastischer Werkstoff mit einer erzwungenen Schwingung belastet, stellt sich zwischen Spannung und Dehnung eine Phasenverschiebung ein, die durch den Winkelabschnitt $\Delta\varphi$ gekennzeichnet ist. Als Dämpfung wird das Produkt $\Lambda = \pi \cdot \tan\varphi$ bezeichnet. Bei Faserverbundkunststoffen tritt als zusätzliche Ursache zu den viskoelastischen Eigenschaften der polymeren Matrix Grenzflächenreibung zwischen Harz, Fasern und Füllstoffpartikeln auf. Grenzflächenreibung kann besonders im Falle des Vorhandenseins einer großen Anzahl von Mikrorissen und unregelmäßig geformten Rißufern das Dämpfungsverhalten eines Werkstoffs dominierend beeinflussen. Dies ist u. a. der Fall, wenn dämpfende Kräfte überwiegen, deren Charakter dem der trockenen Reibung entsprechen.

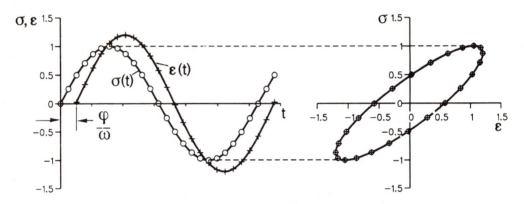

Phasenverschiebung φ/ω zwischen Spannung σ und Dehnung ε bei einem linearviskoelastischen Werkstoff und Konstruktion der Hysteresisschleife

Gleiten bzw. Reibung an Grenzflächen führt zu nichtlinearen, spannungsabhängigen, aber geschwindigkeitsunabhängigen Dämpfungen, für die eine Hysteresisschleife mit scharfen Spitzen an den Umkehrpunkten charakteristisch ist. Bei einem idealelastischen Werkstoff tritt keine Phasenverschiebung auf, daher ist das Spannungs-Dehnungs-Diagramm vollkommen geradlinig.

Nimmt jedoch die Phasenverschiebung mit zunehmender Last (nicht linear viskoelastisch) zu, kann die Phasenverschiebung nicht durch einen einzigen Winkelkennwert beschrieben werden. Man trägt dann die Spannung und die Dehnung nicht mehr getrennt über der Zeit auf, sondern die Spannung über der Dehnung, und erhält eine Hysteresisschleife.

Diese Hysteresis ist bei konstanter, gleichmäßiger Verschiebung $\Delta\varphi$ von Spannung und Dehnung eine Ellipse. Diese ergibt sich jedoch nur bei sinusförmiger Beanspruchung im Spezialfall linear-viskoelastischen Werkstoffverhaltens, i. a. daher nur bei sehr kleinen Verformungen. Bei realen, nichtelastischem Werkstoffverhalten, wenn die Verformung mit zunehmender Belastung überproportional und zeitabhängig zunimmt, kann keine eindeutige Phasenbeziehung zwischen der Kraft und der Verformung festgestellt werden. Die Werkstoffdämpfung wird dann als das Verhältnis von Verlustarbeit zu Speicherarbeit für ein Schwingspiel bestimmt:

$$\Lambda = \frac{W_V \; [Nm \, /mm^3]}{W_S \; [Nm \, /mm^3]}$$

Verlustarbeit und Speicherarbeit werden wie folgt definiert:

Verlustarbeit: probenvolumenbezogener Energieverbrauch durch irreversible Energiedissipation während eines Schwingspiels z.B. aufgrund von Reibungswärme, Deformation, Rißbildung, Gefügeumwandlung, Schallemission, chemischer Umwandlung oder Bruchvorgänge.

Speicherarbeit: probenvolumenbezogene Arbeit, die in der Verformung des Werkstoffs (Federeigenschaft) bei der maximalen Dehnung während eines Schwingspiels gespeichert ist.

Die Verlustarbeit entspricht der während eines Schwingspiels von der Hystereseschleife umschlossenen Fläche. Diese Fläche wird durch numerische Integration bestimmt.

Da die Verlustarbeit immer von der Belastungshöhe abhängt, liegt die eigentliche Bedeutung der Speicherarbeit in der Normierung der Verlustarbeit, um eine dimensionslose Kenngröße zu erhalten, mit der es möglich ist, das Werkstoffverhalten auf verschiedenen Lastniveaus zu vergleichen.

Vorteil dieser Definition der Speicherarbeit ist, daß im linear-viskoelastischen Fall die aus der Phasenverschiebung bestimmte Werkstoffdämpfung und die aus dem Quotienten von Verlustarbeit und Speicherarbeit bestimmte Werkstoffdämpfung übereinstimmen.

Die wichtigsten Aussagen aufgrund dieses Meßverfahrens sind:

- mechanische Dämpfung Λ
- Steifigkeit bei Druck ($\tan \alpha_u$) und Zug ($\tan \alpha_o$)
- Kriechen unter dynamischer Last (ε_m)
- unterschiedliches Verhalten im Druck- und Zugbereich (Form der Schleife)

Alle Aussagen gelten sowohl für linear- als auch nichtlinearviskoelastisches Verhalten.

Während bruchmechanische Untersuchungen rißbehaftete Proben voraussetzen, sind Hysteresismessungen an rißfreien oder rißbehafteten Werkstoffproben durchführbar. Damit sind Werkstoffveränderungen auch im Vor-Rißstadium erfaßbar und Belastungsgrenzen ermittelbar, bis zu denen ein Werkstoff problemlos dauernd belastet werden darf.

Bei Dauerschwingversuchen wird unterschieden in Versuche mit zeitlich konstanter Kraftamplitude (kraftgeregelt) und solche mit zeitlich konstanter Dehnungsamplitude (dehnungsgeregelt).

Kraftgeregelte Versuche sind bei der Festigkeitsauslegung von Bauteilen vorzuziehen. Zur Werkstoffcharakterisierung sind dehnungsgeregelte Versuche häufig aussagekräftiger, da Rißbildung bei bestimmten Dehnungen auftritt, egal wie der mehrschichtige Verbundwerkstoff aufgebaut ist.

Wenn nicht besonders erwähnt, werden kraftgeregelte Versuche bei reiner Wechselbeanspruchung, d.h. mit Mittelspannung $\sigma_m = 0$, bei einer sinusförmigen Spannungsamplitude und einer Prüffrequenz von f = 10 Hz (keine Probenerwärmung) im Normklima durchgeführt.

Dynamische Versuche können in verschiedenen Lastbereichen durchgeführt werden. Zur Kennzeichnung des Lastbereiches wird das Verhältnis von Unterlast zu Oberlast gebildet. Es wird als Belastungsverhältnis R bezeichnet. Im Wechselbereich führt eine negative Unterlast bei Druck und eine positive Oberlast bei Zug zu einem negativen Verhältnis.

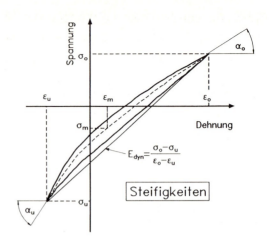
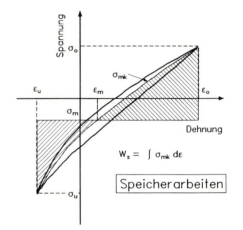
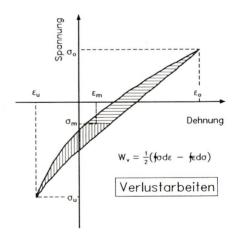

Auswertung der Hysteresisschleife bei linear- und nichtlinear-viskoelastischem Werkstoffverhalten, Indices: o = oben (Zug); u = unten (Druck); m = mittel; mk = Mittelkurve

Mechanische Prüfung

Ermittlung von Beanspruchungsgrenzen

Um die Beanspruchungsgrenzen bei dynamischer Belastung zu ermitteln, wird der Prüfkörper zunächst einige Zeit auf einem Dehnungs- oder Spannungsniveau belastet, bis sich ein weitgehend stabiler Zustand einstellt. Man wählt zu Beginn Beanspruchungen, die zu keinen Veränderungen im Werkstoff führen. Sie kennzeichnen den schädigungsfreien Zustand. Danach wird das Beanspruchungsniveau stufenweise erhöht, bis deutliches Ermüden feststellbar ist. Man nennt diese Art der Belastungssteigerungen einen Mehrstufenversuch. Dem steht der Einstufenversuch entgegen, bei dem man auf einem Beanspruchungsniveau den Schädigungsfortschritt erfassen will.

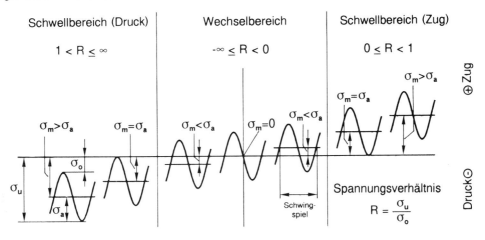

Bereiche der Schwingbeanspruchung

Als Besonderheit kann bei Einstufenversuchen nach definierten Schwingspielzahlen ($N = 10^3$, 10^4, 10^5), ähnlich wie bei den Laststeigerungsversuchen, eine Entlastung auf ein vorher schädigungsfreies Niveau, z.B. von 10 N/mm² durchgeführt werden. Hierdurch ist eine Bewertung der irreversiblen Schädigung auf einem einheitlichen Beanspruchungsniveau bzw. die Ermittlung schädigungsfrei ertragbarer Amplituden möglich. Die Prüffrequenz beträgt bei verstärkten Thermoplasten 1 ÷ 5 Hz, bei verstärkten Duroplasten 5 ÷ 10 Hz.

Bei Laststeigerungsversuchen an PBT-GF wird zunächst ein kontinuierlich linearer und dann ein überproportionaler Anstieg der Dämpfung bis zum Versagen beobachtet. Bis zu einer bestimmten Höhe der Belastung wird bei einer Lastabsenkung auf das Ausgangsniveau die geringe anfängliche Werkstoffdämpfung immer wieder erreicht. Im vorliegenden Beispiel bei Belastungen bis ≈ 30 N/mm². Dieses deutet auf zunehmende irreversible Schädigung bei Belastungen > 30 N/mm² hin. Selbst innerhalb einer Laststufe steigt dann die Dämpfung aufgrund des Schadensfortschritts mit der Schwingspielzahl an. Die Beanspruchungsgrenze ist erreicht, wenn die Dämpfung überproportional zu steigen beginnt.

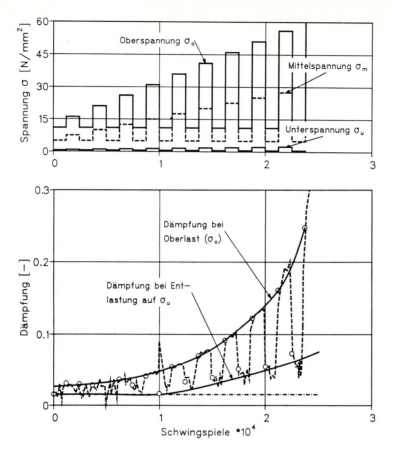

Dämpfungsverlauf im Laststeigerungsversuch mit Lastabsenkungen auf das Ausgangsniveau für PBT-GF (27 Gew.-% Glasfasern, Faserlänge ≈ 165 µm, mit Schlichte); 1 Hz

Geht man davon aus, daß die mechanische Dämpfung bei niedrigen Beanspruchungen einen werkstoffinhärenten Kennwert, bei hohen Beanspruchungen aber einen Indikator für den individuellen Schädigungsprozeß darstellt, ist bei geringen Belastungen mit konstanter, niedriger Streuung (Standardabweichung) der Dämpfung zu rechnen. Im Bereich hoher Belastungen ist ein zunehmender Anstieg der Streuung als Kennzeichen eines individuellen Schädigungsablaufs zu erwarten. Es kann tatsächlich deutlich zwischen einem Bereich geringer, lastunabhängiger und einem Bereich sich erhöhender, lastabhängiger Standardabweichung unterschieden werden. Die Grenze zwischen beiden Bereichen kennzeichnet die Grenzspannung. Diese Art der Ermittlung der Grenzspannung ist wegen der statistisch bedingten größeren Probenzahl jedoch relativ zeit- und materialaufwendig.

Aus werkstoffkundlicher Sicht ist es oft sinnvoll, dehnungsbezogene Kennwerte zu ermitteln, weil verschiedene Versagenserscheinungen bei bestimmten Dehnungen auftreten, z.B. die Dehnungsvergrößerung. Bei kurzglasfaserverstärkten PBT ergibt sich in Abhängigkeit von der Kurzglasfaserlänge ein einheitlicher dehnungsbezogener Belastungsgrenzwert bei $\varepsilon_g = 0{,}4$ %,

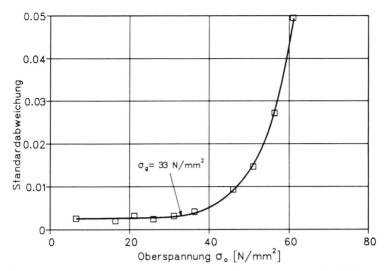

Standardabweichung der Dämpfung in Abhängigkeit von der Höhe der Beanspruchung bei PBT-GF, σ_g = Grenzspannung

während bei einer spannungsbezogenen Betrachtung keine eindeutige Aussage möglich ist und mindestens zwei Grenzwerte ermittelt werden, σ_g (140 und 165 µm) = 31 N/mm² und σ_g (247 µm) = 45 N/mm²).

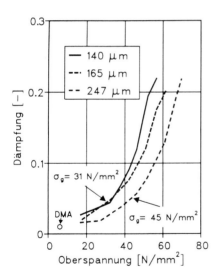 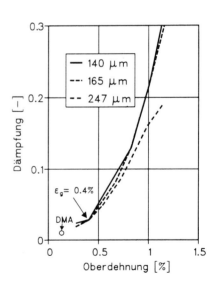

Spannungs- und dehnungsbezogene dynamische Belastungsgrenzwerte bei PBT-GF mit unterschiedlicher Kurzfaserlänge

Bei langfaserverstärkten Giesharzlaminaten tritt ein anderes Versagensverhalten auf. Bei der Prüfung treten zunächst Verluste in Form von Probenerwärmungen um einige Grad Celsius auf. Die Verluste durch die viskoelastische Verformung der meist spröden Matrix sind ebenfalls relativ gering. Wichtiger sind die Verluste, die durch die Rißbildung und die Reibungsverluste an den Rißufern auftreten.

Der Verlauf der Dämpfung über der Lastspielzahl ist bei Laststeigerungsversuchen und bei Dauerschwingversuchen auf einem konstanten Lastniveau vergleichbar. Zunächst steigt die Dämpfung auf ein 1. Maximum an, fällt danach wieder ab, um erneut anzusteigen und ein 2. Maximum zu erreichen, daß den Versagenszustand darstellt.

Die Ursache für das Ausbilden des ersten Dämpfungsmaximums ist das Entstehen von **Querrissen** senkrecht zur Belastungsrichtung zwischen den Längsfaserbündeln. Die Anzahl der Querrisse erreicht einen bestimmten Wert. Danach werden keine neuen Risse mehr ausgebildet. Dieser Zustand wird bei Matten- und Gewebeverstärkung als **"Characteristic Damage State" (CDS)** bezeichnet. Bei der dynamischen Belastung reiben die Rißufer aneinander und bewirken dadurch die Verluste. Im Laufe der Zeit ebnen sich die Rißufer ein und die Reibungsverluste werden geringer. Die Dämpfung nimmt deshalb nach Abschluß der Querrißbildung ab, da keine neue Reibungsflächen mehr entstehen und zugleich die Reibungsverluste pro Rißfläche geringer werden.

Wenn die Risse auf in Lastrichtung verlaufende Fasern oder Faserbündel stoßen, werden sie in Faserrichtung umgelenkt und bilden **Längsrisse**. Durch das Zusammentreffen der Längs- und Querrisse werden große Materialsegmente von der Kraftübertragung ausgeschlossen. Sie tragen nicht zur Verlustenergie bei. Die Dämpfung fällt auf ein Minimum, einerseits wegen der Glättung der Rißufer, andererseits wegen der nicht belasteten Materialbereiche. Durch die Querrisse erhöht sich im verbleibenden Restquerschnitt, besonders im Laststeigerungsversuch die Spannung und löst weiteres Rißwachstum und Delaminationen und Faserbündel-pull-outs aus. In der letzten Phase des Ermüdungsversagens findet dann ein Übergang von einer den Werkstoff homogen über das gesamte Volumen schädigenden **Mehrfachrißbildung** zu einer Ausbildung vereinzelter **Makrorisse** und schließlich zu einer Entwicklung eines bruchauslösenden Einzelrisses statt. Die zunehmende Materialzerstörung durch fortgesetzte Rißbildungen und das Ausbilden von Makrorissen bewirken dann den gemessenen starken Steifigkeitsabfall und entsprechenden Anstieg der Werkstoffdämpfung kurz vor dem Bruch der Probe.

Überschreitet schließlich die Zugspannung in der Querschnittsebene des Einzelrisses die Restfestigkeit des Verbundes, tritt im Zugzyklus der Schwingbeanspruchung Gewaltbruch der Probe auf. Da die Abnahme der Probensteifigkeit in Belastungsrichtung überwiegend durch Rißbildungen bestimmt wird, und dynamisch wie zügig statisch zerstörte SMC-Proben gleiche Rißmuster sowie ähnlich stark zerklüftete Bruchflächen mit zahlreichen Faserbündel-pull-outs aufweisen, kann davon ausgegangen werden, daß die aus den Hysteresisschleifen berechnete Probensteifigkeit der Dauerschwingversuche mit der Bruchsteifigkeit des Zugversuches korreliert und als Bruchkriterium geeignet ist.

Mechanische Prüfung

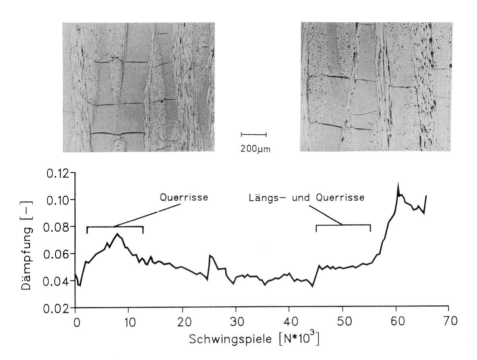

Dämpfungsverlauf mit Schliffbildern (UP-Gewebelaminat, 60 Gew.-%, Laststeigerungsversuch)

Dieses gilt nur für glasfaserverstärkte Kunststoffe. Bei Kohlenstoffaserlaminaten wirkt die durch das Freilegen der Faser die mit steigender Belastung zunehmende Fasersteifigkeit der durch die Matrix-Rißbildung erfolgte Querschnittsminderung entgegen. Es ergeben sich daher keine eindeutigen Effekte im obigen Sinne.

Für ein SMC (Vinylesterharz mit 30 Gew.-% Glasfasern und 41 Gew.-% Calzium-Carbonat-Füllstoff (3 µm)) zeigt die Steifigkeit und die Dämpfung keine Änderung bis zu einer Belastung unterhalb des Knies, gemessen im statischen Zugversuch als S_0 (σ = 30 N/mm^2), bei dem sich die Querrisse bilden. Die Rißbildung im Knie ist eine Mehrfachrißbildung. Weitere Schwingspiele führen als I. Schädigungsbereich bis zum kritischen Schadenszustand (CDS) = maximale Querrißzahl = 1. Dämpfungsmaximum = starker Abfall der Steifigkeit. Danach ändert sich im II. Bereich der Schädigungszustand durch Rißuferglättung und Längsrißbildung mit partieller Materialentlastung. Die Steifigkeit und die Dämpfung fallen langsam ab. Wäre die Last von vornherein z.B. σ = 60 N/mm^2, wäre der Schädigungszustand des II. Bereichs nach wenigen Lastspielen eingetreten.

Im III. Bereich erfolgt das Versagen durch Einzelrißwachstum mit starkem Steifigkeitsabfall und Dämpfungszunahme. Das Einzelrißwachstum beginnt, wenn die Steifigkeit des geschädigten Materials die Sekantensteifigkeit S_B (Verbindung zwischen Null- und Endpunkt des statischen σ - ε - Diagramms) im ersten Zugzyklus erreicht.

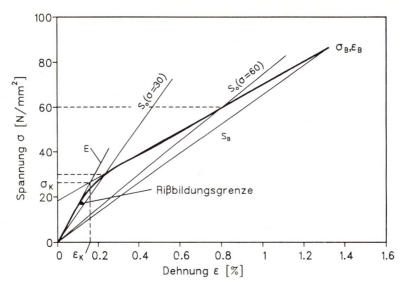

Spannungs-Dehnungs-Diagramm zur Masterkurve mit Rißbildungsgrenze, Knie und Reststeifigkeit im 1. Zugzyklus

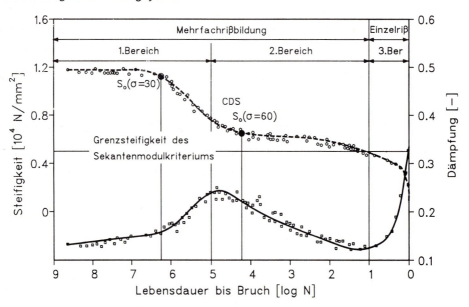

Masterkurve für den Steifigkeits- und Dämpfungsverlauf für SMC

VE-Harz	(27 Gew.-%)	E	=	15250 N/mm²
Glasfaser	(30 Gew.-%)	σ_{Knie}	=	27 N/mm²
Füllstoff	(41 Gew.-%)	σ_{Bruch}	=	79 N/mm²
(CaCO₃)		ε_{Knie}	=	0,15 %
		ε_{Bruch}	=	1,34 %

Für die Belastungsgrenze ergibt sich, daß das Material dynamisch dauernd belastet werden kann, solange sich die Steifigkeit nicht und die Dämpfung sich linear ansteigend ändert, im Beispiel also unterhalb der Rißbildungsgrenze. Oberhalb dieser Belastung ist nur noch mit einer Zeitfestigkeit (begrenzte Belastungszeit) zu rechnen.

6.5 Prüfung

6.5.1 Herstellung und Vorbehandlung der Probekörper

Die Verbundwerkstoffe werden je nach Anwendung neu konstruiert und hergestellt. Prüfergebnisse an Proben sind daher nur bei Einhaltung gleicher Herstellbedingungen vergleichbar und auf das Verhalten daraus gefertigter Bauteile anwendbar.

Für die Stoffprüfung verwendet man Normprobekörper, die nach vorgeschriebenen Verfahren hergestellt werden. Flache Probekörper werden aus für diesen Zweck hergestellten planen, glatten, steifen Platten ausgeschnitten.

Der Preßdruck, die Preßtemperatur und die Preßzeit müssen genau eingehalten werden. Während des Härtens können unkontrollierbare Wärmeentwicklungen im Inneren möglich sein, die die Festigkeitswerte beeinflussen können. Die bis zu 20 mm von der Kante entfernten Randbereiche der Platte dürfen für die Probekörper nicht verwendet werden.

Im Falle einer orthotropen Verstärkung der Platte sind jeweils in beiden Richtungen Probekörper zu entnehmen. Für das Bearbeiten von Proben sind mit Diamantkorn besetzte Trennscheiben und/oder Fräser mit Hartmetall-Einsätzen unter Verwendung von Kühlmitteln (Wasser, Bohröl) zu benutzen, da es unbedingt notwendig ist, daß die Probekörper glatte Schnittflächen und unbeschädigte Kanten haben.

Für bestimmte Untersuchungen (z.B. unter Schub- bzw. mehrachsiger Beanspruchung) sind flächige Probekörper nicht geeignet. Dafür werden rohr- bzw. ringförmige Probekörper benutzt. Diese Probenform ist besonders günstig zur Prüfung der im Wickelverfahren zu verarbeitenden Verbundwerkstoffe.

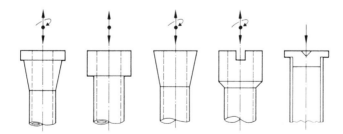

Beispiele einer günstigen Ausführung der einzuspannenden Enden zylindrischer Probekörper für verschiedene Belastungsarten

Um vergleichbare Meßwerte zu erhalten, werden die Probekörper konditioniert, was üblicherweise durch Lagerung in Luft, bei einer vereinbarten Temperatur und relativen Feuchte erfolgt. Nach DIN 50014 ist das sog. Normklima 23 ± 2 °C, 50 ± 5 % rel. Feuchte.

6.5.2 Anzahl der Probekörper

Wie bei jeder Prüfung sind auch die Ergebnisse der Prüfungen der mechanischen Eigenschaften von Verbundwerkstoffen von zufälligen Schwankungen einer Reihe von Einflußfaktoren abhängig. Der statistische Charakter der Meßergebnisse erfordert den Einsatz statistischer Auswertemethoden.

Die Prüfung einer bestimmten Eigenschaft hat im allgemeinen das Ziel, den Mittelwert der Gesamtheit (wahrer Mittelwert) und die Standardabweichung der Grundgesamtheit (wahre Standardabweichung) zu bestimmen. Hierfür wäre die Prüfung aller Glieder der Grundgesamtheit erforderlich, was keinen Sinn macht, da danach z.B. alle Bauteile zerstört sind. Üblicherweise wird daher nur eine beschränkte Anzahl von Messungen durchgeführt.

Aus der bisherigen Erfahrung und den experimentellen Untersuchungen an Verbundwerkstoffen geht hervor, daß die Messungen der elastischen Kennwerte niedrigere Streuungen aufweisen als die der Festigkeitskennwerte.

Ebenso steigt die Streuung in der Reihenfolge: unidirektional-, gewebe- und mattenverstärkte Verbundwerkstoffe.

Neuerdings werden bei probalistischen Betrachtungen zur Ermittlung von Werkstoffkennwerten untere Grenzwerte, sog. Fraktilwerte angegeben, da die teilweise großen Streuungen der Meßwerte und der Belastungsangaben eine Rechnung mit Mittelwerten als Kennwert nicht mehr zulassen.

Um dem Zufälligkeitscharakter von Beanspruchungen einerseits und Kennwerten andererseits Rechnung zu tragen, ist es notwendig, Abweichungen von beiden zu berücksichtigen.

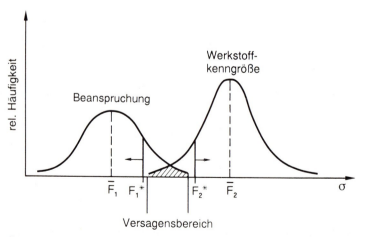

Überlappung der Verteilungsfunktionen von Beanspruchungen und Werkstoffkenngrößen

Es besteht die Möglichkeit, daß sich die Streubereiche von Beanspruchung überlappen. Der Grad der Überlappung stellt ein Maß für eine bestimmte Versagenswahrscheinlichkeit dar. Im schraffierten Bereich wäre bei einer festigkeitsbezogenen Betrachtung die Forderung $\sigma_{vor} < \sigma_{zul}$ nicht mehr erfüllt. Dieser Fall kann durch geeignete Wahl einseitiger Grenzwerte vermieden werden, und zwar durch Bestimmung eines oberen Grenzwertes auf der Seite der Kenngröße. Durch einen Vergleich eines oberen Grenzwertes F_1 mit einem unteren Grenzwert F_2 werden sämtliche Abweichungen von mittleren Werten mitberücksichtigt. Wird F_1 als Widerstandsfraktile und F_2 als Einwirkungsfraktile betrachtet, dann läßt sich ein Nennsicherheitsfaktor als Quotient aus Widerstands- und Einwirkungsfraktile bilden.

Ein Fraktilwert F_ε kennzeichnet einen bestimmten Kennwert unter- bzw. oberhalb dessen nur noch ein geringer Prozentsatz ε aller Meßwerte liegt. Die Angabe eines solchen Fraktilwertes kann aber immer nur mit einer bestimmten Aussagewahrscheinlichkeit W vorgenommen werden, da der Fraktilwert nur aus einem begrenzten Informationsumfang bestimmt wird. Formelmäßig läßt sich der Fraktilwert folgendermaßen darstellen:

$$F_\varepsilon(\%) = x \pm k \cdot s$$

Der Fraktilwert $F_\varepsilon(\%)$ berechnet sich aus dem Mittelwert x einer Meßwertreihe plus/minus dem Produkt aus der Standardabweichung s und k-Faktor mit

$$k = f(n, \varepsilon, w)$$

Die Rechnung mit Fraktilwerten setzt aber eine genaue Kenntnis der Verteilung der Meßwerte voraus. Sind Meßwerte nach Gauß normalverteilt, dann berechnet sich der k-Faktor aus der Studentschen t-Verteilung (in Tabellen nachschlagen). Häufig läßt sich die Verteilung der Meßwerte aber gut durch eine logarithmische Normalverteilung approximieren. Dabei ist dann zu beachten, daß die Fraktilwerte mittels eines k-Faktors aus der nichtzentralen t-Verteilung bestimmt werden. Zugfestigkeitswerte und Biegefestigkeitswerte folgen überwiegend einer Gaußschen Normalverteilung, Elastizitätsmoduln und zeitabhängige Werte einer logarithmischen Normalverteilung. Der Fraktilwert ist in beiden Fällen eine Funktion vom Stichprobenumfang n einer unteren Grenze ε und einer Aussagewahrscheinlichkeit W.

In der technischen Praxis wird üblicherweise mit einer unteren Grenze $\varepsilon = 5\,\%$ und einer Aussagewahrscheinlichkeit zwischen $75\,\% \leq W \leq 95\,\%$ gerechnet. Bei festgelegter Grenze ε und Aussagewahrscheinlichkeit W ist der Fraktilwert nur noch eine Funktion vom Stichprobenumfang n. Für einen 5 %igen Fraktilwert mit einer Aussagewahrscheinlichkeit $W = 95\,\%$ stellt eine Probenanzahl von $n = 10$ eine sinnvolle Größe dar. Die Genauigkeit ist bei $n = 20$ jedoch durchaus noch höher.

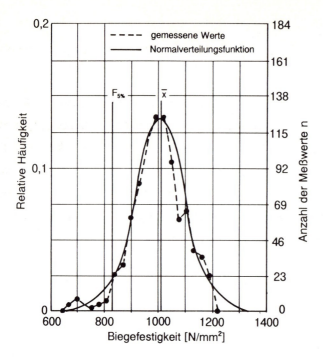

Verteilung von 920 gemessenen Biegefestigkeitswerten eines UP-GF Glasfasergewebelaminates mit 64 Gew.-%

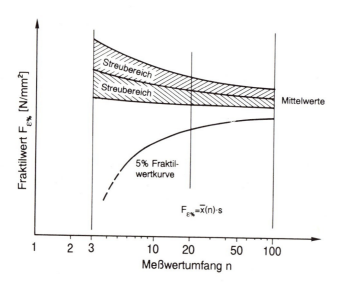

Schematischer Verlauf des Fraktilwertes F_5 als Funktion des Meßwerteumfangs n für verschiedene Aussagewahrscheinlichkeiten W

Mechanische Prüfung

6.5.3 Statistik

Eine Auswertung von Ergebnissen mit statistischen Verfahren führt zu einer Aussage über die Bruch, bzw. Versagenswahrscheinlichkeit.

Gemeinsam ist diesen Verfahren die Annahme einer Verteilungsfunktion F(x), die eine Aussage über den Mittelwert und die Streuung der Meßwerte liefert. Die Verteilungsfunktion ist eine stetig zunehmende Funktion mit den Eigenschaften F(x) = 0 für x = 0 und F(x) = 1 für x = ∞, d.h.: der Bruch erfolgt nach dem Zeitpunkt, bzw. Lastwechsel x > 0 und ist nach unendlich langer Zeit, bzw. unendlich vielen Lastwechseln x → ∞ mit Gewißheit eingetreten. Zur Interpretation von Schwingfestigkeitsversuchen werden hauptsächlich folgende Verteilungsfunktionen verwendet:

Normal-Verteilung (symmetrische Verteilungsform)

$$F(x) = \frac{1}{\sqrt{2\pi}\,\sigma} \int_{-\infty}^{\frac{(x-\bar{x})}{\sigma}} \exp\left(\frac{-t^2}{2}\right) dt$$

mit dem Mittelwert:

$$\bar{x} = \frac{1}{m} \sum_{i=1}^{m} x_i$$

und der Varianz:

$$\sigma^2 = \frac{1}{m} \sum_{i=1}^{m} (x_i^2 - \bar{x}^2)$$

die **logarithmische Normal-Verteilung** (schiefe Verteilungsform)

$$F(x) = \frac{1}{\sqrt{2\pi}\,\sigma'} \int_{0}^{\ln x} \frac{1}{\ln t} \exp\left[-\left(\frac{1}{2\,\sigma'^2}\right) * (\ln t - \overline{\ln x})^2\right] dt$$

mit dem Mittelwert:

$$\overline{\ln x} = \frac{1}{m} \sum_{i=1}^{m} \ln x_i$$

und der Varianz:

$$\sigma'^2 = \frac{1}{m} \sum_{i=1}^{m} [(\ln x_i)^2 - (\overline{\ln x})^2]$$

die **Weibull-Verteilung** (Verteilungsform anpassbar durch Parameter)

$$F(x) = 1 - \exp[-(\frac{x}{\beta})^\alpha]$$

mit dem Erwartungswert:

$$E(x) = \int_{-\infty}^{\infty} x\, f(x)\, dx = \beta\, \Gamma(1 + \frac{1}{\alpha})$$

und der Varianz:

$$V(x) = E(x^2) - [E(x)]^2 = \beta^2\, [\Gamma(1 + \frac{2}{\alpha}) - \Gamma^2(1 + \frac{1}{\alpha})]$$

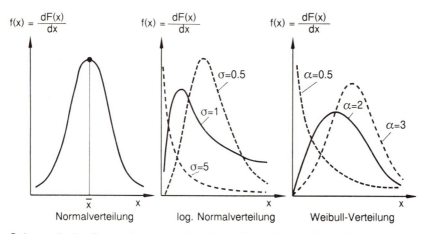

Schematische Darstellung verschiedener Verteilungsdichte-Funktionen

Die Parameter α (Formparameter, "shape parameter") und β (charakteristischer Parameter, "scale Parameter") erlauben eine optimale Anpassung der Verteilung an die Versuchsergebnisse. Daneben wird vereinzelt auch die lineare Exponential-Verteilung sowie die arcsin $\sqrt{P}$ - Transformation verwendet.

Die bei FVW wirksam werdenden vielfältigen Schädigungsmechanismen lassen es - einmal abgesehen von Fertigungs- und Geometrieeinflüssen - sehr unwahrscheinlich erscheinen, daß eine Verteilungsfunktion existiert, die alle Variablen und ihre Kombinationen beschreibt.

Die oben aufgeführten Verteilungsfunktionen wurden für Versuchsergebnisse eines GF-EP-Laminat miteinander verglichen. Während alle drei Verteilungen die Ergebnisse der statischen Versuche recht gut beschreiben, zeigen sich bei der Charakterisierung der Schwingfestigkeitsmessungen erhebliche Unterschiede. Die Weibull-Verteilung liefert allgemein die beste Anpassung, erfordert aber einen höheren Aufwand bei der Ermittlung der Parameter α und β. Bei geringer Meßwertstreuung liefert die Normal-Verteilung gute Ergebnisse, bei großer

Meßwertstreuung die logarithmische Normal-Verteilung. Für die Auswahl einer Verteilungsfunktion sind neben einer ausreichenden Treffsicherheit aber auch Aspekte einer wirtschaftlichen Versuchsdurchführung und einer einfachen Handhabbarkeit zu berücksichtigen.

6.5.4 Bestimmung des Fasergehalts

Praktisch alle Eigenschaften der Verbundwerkstoffe hängen stark vom Fasergehalt ab. Es ist deshalb unbedingt nötig, bei allen Meßergebnissen auch den Wert des Fasergehaltes anzugeben. Die Kenntnis des Fasergehaltes, ebenso wie die der Verstärkungsrichtung, ist eine notwendige Voraussetzung für den Vergleich von verschiedenen Materialien. Zur Bestimmung des Gehalts an nicht brennbaren, anorganischen Verstärkungsfasern dient die sog. Veraschungsmethode. Die Werkstoffprobe wird in einen gewogenen Tiegel gelegt, beides zusammen gewogen und danach in den 600 °C vorgeheizten Muffelofen gesetzt und ca. eine halbe Stunde geglüht. Die organische Matrix verbrennt und vergast. Nach dem Erkalten des Tiegels im Exsikkator wird der Tiegel mit dem Rückstand wieder gewogen. Damit liegen folgende Gewichte vor: m_0 - leerer Tiegel, m_1 - Tiegel mit Probe, m_2 - Tiegel mit Rückstand. Der Rückstandsteil = Fasergewichtsanteil oder Fasergehalt in Gewichtsanteilen errechnet sich aus:

$$\psi = \frac{m_2 - m_0}{m_1 - m_0}$$

Für die theoretischen Betrachtungen und genauen Berechnungen ist die Angabe des Fasergehalts als Volumenanteil φ nützlicher. Ist der Luftblasengehalt φ_L bekannt, gilt:

$$\varphi = 1 - (1 - \psi) \cdot \frac{\rho_V}{\rho_M} - \varphi_L$$

Für die Verbunde mit organischen Fasern (z.B. Aramid-, Kohlenstoffasern) ist diese Methode nicht geeignet. In diesem Fall muß ein chemisches Verfahren angewendet werden (Auflösen einer der Komponenten in geeignetem Lösungsmittel) oder der Fasergewichtsanteil wird näherungsweise aus der gemessenen Dichte des Verbundwerkstoffs ρ_V berechnet, wobei ein luftblasenfreies Laminat vorausgesetzt wird (Dichte der Faser $\rho_F \neq$ Dichte der Matrix ρ_M):

$$\psi = \frac{\rho_F (\rho_V - \rho_M)}{\rho_V (\rho_F - \rho_M)}$$

und Faservolumenanteil:

$$\varphi = \frac{\psi \cdot \rho_M}{\psi \cdot \rho_M + (1 - \psi) \rho_F}$$

7. Literatur

Zur Ausarbeitung des Vorlesungsmanuskriptes wurde folgendes Schrifttum verwendet:

Puck, A.	Grundlagen der Faserverbund-Konstruktion Vorlesungsskript, Gesamthochschule Kassel, 1988
Möckel, J.; Fuhrmann, U.	Epoxidharze Verlag Moderne Industrie, Landsberg, 1990
Lang, R.; Stutz, H.; Heym, M.; Nissen, D.	Polymere Hochleistungsfaserverbundwerkstoffe BASF-Ludwigshafen, 1986
Kleinholz, R.	Aramidfasern, Kohlenstoffasern und Textilfasern - Verstärkungswerkstoffe nach Maß 20. AVK-Jahrestagung, Freudenstadt, 1985
N.N.	AVK-Informationsbroschüre: GF-UP-Naßlaminate, Verarbeitung und Eigenschaften, 1990
N.N.	VDI-Richtlinie 2010 Blatt 1,2 und 3 Faserverstärkte Reaktionsharzformstoffe, VDI-Verlag, Düsseldorf, 1980
Nepasicky, J.	Entwicklung, Gegenwart und Zukunft des Strangziehverfahrens 19. AVK-Jahrestagung, Freudenstadt, 1984
Kleinholz, R.; Guillon, D.; Momet, B.	ZMC - ein Spritzgießsystem zur Herstellung von großflächigen Formteilen aus Polyesterharz-Formmassen 18. AVK-Jahrestagung, Freudenstadt, 1982
Michaeli, W.; M. Wegener	Einführung in die Technologie der Faserverbundwerkstoffe, Carl Hanser Verlag, München, 1990
Liebold, R.	Spritzguß großflächiger GFK-Teile - Vergleich zum Pressen aus der Sicht des Verarbeiters 19. AVK-Jahrestagung, Freudenstadt, 1984
Woebken, W.	Duroplaste, Kunststoff-Handbuch Bd. 10 Carl Hanser Verlag, München, 1988
Carlsson, L.A.; Pipes, R.B.	Hochleistungsfaserverbundwerkstoffe Teubner Studienbücher Stuttgart, 1989
Spaude, R.	Korrosion und Alterung von Glasfasern und glasfaserverstärkten Duroplasten Dissertation, Institut für Werkstofftechnik, GH-Kassel, 1984
Altstädt, V.	Hysteresismessungen zur Charakterisierung der mechanisch-dynamischen Eigenschaften von R-SMC Dissertation, Institut für Werkstofftechnik, GH-Kassel, 1987
von Bernstorff, B.	Zum Schwingfestigkeitsverhalten glasfaserverstärkter Harzmatten Dissertation, Institut für Werkstofftechnik, GH-Kassel, 1989

Janzen, W.	Zum Versagens- und Bruchverhalten von Kurzglasfaser-Thermoplasten Dissertation, Institut für Werkstofftechnik, Gh-Kassel, 1989
Schmiemann, A.	Kennwertveränderungen von GFK durch korrosive Einflüsse, Dissertation, Institut für Werkstofftechnik, GH-Kassel, 1989
Orth, F.	Statische und dynamische Eigenschaften von Hochleistungs-verbundwerkstoffen Dissertation, Lehrstuhl für Kunststofftechnik, Universität Erlangen/Nürnberg, 1992

8. Register

Anisotropie	37, 80, 160
Arbeitsschutz	151
Aushärtegrad	46
Aushärtungsgrad	102
Autoklav-Verfahren	112
Bauteilentwicklung	15
Begriffe	19
Beschleuniger	47
Biegefestigkeit	166
Bindungsarten	26
BMC	115
Branchen	13
Bruch	82, 158
Bruchmechanik	91f
Commingling	106
Coweaving	106
CT-Probe	91f
Dauerfestigkeit	40
DCB-Probe	91
Definitionen	19, 25
Dehnungsvergrößerung	88, 98
Demonstrationszentrum	13
Druck-Eigenschaften	84
Druck-Gelier-Verfahren	136
Drucksack-Verfahren	112
Druckversuch	162
Dünnschichtentgasung	135
Dynamische Eigenschaften	39, 170ff
E-Modul, theoretisch	10
Eigenspannungen	97
Einspannlänge	12, 82
Elastizitätsgrößen	39
Elektronik	137f
Elektrotechnik	135f
Energiefreisetzungsrate	90
Entformungsschräge	125
Entwicklung	17
ERCOM	151
Exothermie	52, 102, 123
Faser-Harz-Spritzen	110f
Faserdurchmesser	11, 12
Faserfestigkeit	12, 39, 82
Fasergehalt	38, 96, 189
Faserlänge	
kritische	65f
Fasern	
allg.	11, 21
Aramid-	28, 37, 75, 92, 132, 170
Bor-	76
Druckbeanspruchung	31
Elastizitätskennwerte	38
Glas-	21f, 24, 37, 74, 90, 92, 170
Kohlenstoff-	32f, 37, 75, 89, 92, 170
Schubbeanspruchung	37
Vergleich	36, 40, 76
Zugbeanspruchung	31
Faserorientierung	16
Fasersteifigkeit	27, 30
Fertigungsmittelbau	141
Festigkeit	
spezifische	58, 77
theoretische	10
Feuchteeinfluß	32
Feuchtigkeitsaufnahme	32
Flechtverfahren	130
Fraktilwert	185
Frontguß-Verfahren	142
Füllstoffe	57, 71, 135
Gelierzeit	45, 101
Gestaltung	155
Gewebe	26
Gewichtsprozent	38
Gewindeeinsätze	126
Glasübergangstemperatur	45, 47, 52, 53
GMT	106f, 149
Grenzfläche/-schicht	65, 73, 82f, 157

Haftung	65,	73f
Handlaminieren		109f
Härtung		
EP-Harze	50f,	102f
UP-Harze	44f, 101f,	124
UV-Härtung		140
Harze		
EP- (Epoxid-)	48f,	134f
Imid-		56
UP- (ungesättigte Polyester-)	44,	101
VE- (Vinylester-)		56
Hot-Wet		74
Hybridfasern		62
Hydrolyse		150
Hysteresis-Meßverfahren		175f
Imprägnierung		60
In-Mould-Coating, IMC		125
Interlaminare Scherfestigkeit	163,	165
Kalthärtung	44, 51,	101
Kaltpressen		116
Kerbe		161
Kontinuierliches Laminieren		127
Lackieren		125
Laminat		
Kohlenstoffaser-	9, 10,	74
mehrschichtig		80
UD	39, 76, 79, 81, 104,	158
Laserstrahlschneiden		133
Leiterplatten		139
Low Profile, Low Shrink		117f
MAK-Werte		151
Maschinenbau		14f
Matrix	43,	83f
Mikromechanik		78f
Mischungsregel		81
Modifizierung		49
Nachbearbeitung		132
Nachhärtung		47
Naßpressen		116
NOL-Ring		167
Normal-Verteilung		188
Orientierung	16, 29,	81
Orthotropie		158f
Packung		88
Paradoxon		9
Phasenverschiebung		175
Polyaddition		49
Preise	40,	59
Prepreg	60,	103f
Preßwerkzeug		125
Probabilistik		185f
Pyrolyse		150
quasiisotrop		80
Quer-Elastizitätsmodul		89
Querverbund		99
Recycling		144ff
Reifung		122
RIM		114
Rißbildung	82,	174
Rißzähigkeit		90
RTM		113
Schädigung		157
Schiebungsvergrößerungsfaktor		100
Schleuderverfahren		130
Schmelztemperatur		133
Schubbeanspruchung	100,	163
Schubfestigkeit	163,	165
Schwindung	49, 70f,	97
Schwundkompensator		118f
SMC	105f, 115, 117ff,	147
spanende Bearbeitung		133
Spannungs-Dehnungs-Verhalten		159
Spannungsintensitätsfaktor		91f
Speicherarbeit		176f
statisches Langzeitverhalten		167
Steifigkeit		
spezifische	58,	77
Steifigkeitsabfall		172
Stoffgesetz		95
Störspannungen		97
Straken		143
Strangzieh-Verfahren		128

Streuung	185
Stufenhärtung	54
Styrol	152
thermische Ausdehnung	92f
Thermoanalyse	54
Thermoplaste	56f, 106, 131
PA	68, 72
PBTP	59
PEEK, PEI, PPS	131
PP	66, 147
SAN	59
Thermoplastprepregs	105f
Träufelverfahren	136
Umhüllungssysteme	138
Umsatz	12
Unidirektional	38, 78f
Vakuumgießen	139
Vakuumimprägnieren	136
Vakuumsack-Verfahren	111
Verbrennung	149
Vergießen	135
Vergleich	
andere Werkstoffe	11, 27, 76
Duroplaste	56, 103
Fasern	36, 40, 41, 76, 81
Thermoplaste/Duroplaste	13, 43, 61
Verlustarbeit	176
Versagenshypothese	160f
Versagensverhalten	157
Verstärkung	21
Kurzfaser-	57, 63
Langfaser-	59f
Verstärkungswirkung	
allgemein	94
parallel zur Faser	95
parallel und senkrecht zur Faser	100
senkrecht zur Faser	96
Verwertungskaskade	149
Viskosität	52, 62
Volumenprozent	38
Vorformlinge	116
Warmhärtung	51, 101
Warmpressen	116f
Wasserstrahlschneiden	134
Weibull-Verteilung	189
Werkzeuge	125f
Werkzeugharze	141
Wickelverfahren	128
Winkelverbund	16, 80f
Wirtschaftlichkeit	12, 38, 40, 59
Wöhlerkurve	171f
Zähigkeit	69
ZMC-Spritzguß	126
Zugversuch	162

Hanser
FUNDIERTE FACHBÜCHER KOMPETENTER AUTOREN

Erkennen und vermeiden von Kunststoffschäden

Ehrenstein
Kunststoff-Schadensanalyse
Methoden und Verfahren. Von Prof.Dr.-Ing. Gottfried W. Ehrenstein, Lehrstuhl für Kunststofftechnik, Erlangen-Tennenlohe. 248 Seiten, 141 Bilder, 37 Tabellen. 1992. Gebunden.
ISBN 3-446-17329-3

Die Schadensanalyse und Qualitätssicherung von Bauteilen aus Thermoplasten und Faserverbund-Kunststoffen erfordert Methoden und Verfahren, die den besonderen Eigenschaften dieser Werkstoffgruppe gerecht werden. Wegen des engen Zusammenhang von Materialeigenschaften, Verarbeitung und Bauteilgestaltung bei Kunststoffen ist die Zuordnung von Schäden und Klärung ihrer Ursachen komplexer als bei Metallen.

Die in jahrelanger Entwicklungsarbeit erprobten Methoden der Schadensanalyse werden in diesem Buch umfassend dargestellt. Den Schwerpunkt bilden bewährte Verfahren, ihre praktische Anwendung und Aussagefähigkeit; diese werden so beschrieben, daß sie ohne Schwierigkeiten nachvollzogen werden können.

Jede Methode wird mit Hinweisen auf die wichtigen nationalen und internationalen Normen wie DIN, ISO, ASTM und EN abgeschlossen.

Inhaltsübersicht

- Der Werkstoff Kunststoff
- Vorgehen und Methoden bei der Schadensanalyse bei Kunststoffen
- Einfache Bestimmungsmethoden
- Bestimmung der Dichte
- Bestimmung des Faser- und Füllstoffgehaltes
- Aushärtegrad von UP- und EP-Harzen
- Wasseraufnahme von Polyamid
- Spannungsriß- und Crazebildung
- Thermoanalyse (DSC, DTA)
- Mikrotomie
- Präparation faserverstärkter Kunststoffe (FKN)
- Viskosität
- IR-Spektroskopie
- Fehlererscheinungen an Spritzgußteilen (nach Bayer AG)

Carl Hanser Verlag

Postfach 86 04 20
8000 München 86
Tel. (0 89) 9 98 30-0
Fax (0 89) 98 48 09